張維斌──著

快刀計畫揭密
黑貓中隊與台美高空偵察合作內幕

自序

　　1996年前後，我透過網路認識了美國友人Joseph Donoghue先生，他曾在1964和1965年間被美國中央情報局派駐到桃園基地參與台美間的U-2偵察合作計畫（即快刀計畫），張立義被擊落的那晚，他就在通訊站裡當班。中情局從2000年起將大量屆滿25年的檔案解密後，Donoghue多次飛往華府的國家檔案局檢索、列印這些檔案，回到家中再詳細閱讀、整理筆記，並且將這些檔案影本掃描建檔。

　　以Donoghue親身的經歷和對中情局檔案的了解，如果能為U-2在台服役的歷史出書立傳，必定是一部精彩萬分的鉅作。不過也因為他曾在中情局服務，寫書出版還必須先經過中情局審核，所以他多年來一直沒有出書的打算。

　　幸好Donoghue非常慷慨的跟我分享他在國家檔案局挖掘到的寶藏，讓我不必遠渡重洋就可以在家閱讀這些珍貴的文件。儘管我無緣在當年U-2遨翔於台灣上空時躬逢其盛，中情局的解密檔案卻讓我得以深入探索這一段極機密的陳年往事。

　　部落格興起後，偶爾我會透過這個媒體貼出我認為有意思的文件和我的註解，一方面作為研究的筆記，一方面藉此跟網路上的同好分享。過去幾年來，有朋友勸我把研究所得集結成

書，但我總認為網路具有無遠弗屆的特點，而且隨時可以修改、更新，Google更會用它昂貴的伺服器幫我免費備份，所以堅持不寫書。

不知道為什麼，黑貓中隊的故事在最近這兩三年突然開始受到官方的重視，一連舉辦了好些活動，也出版了專書，昔日在極度保密的情況下出生入死的英雄終於有機會得到公開的肯定與讚揚。透過當事人的現身說法，固然可以讓全民大眾更直接的認識這些冷戰英雄的事跡，但不可否認的，很多當年參與其事者已經無法參與活動或接受訪問，其中不乏在這項計畫裡運籌帷幄的靈魂人物。他們親身參與歷史的創造，卻因為在歷史的記述過程中缺席，而不能得到應有的呈現。

我總認為，官方在這方面所擁有的人力、財力遠比民間充裕，要取得檔案資源更是容易，所以在保存這一段歷史上應該可以做得更有廣度與深度。不過也許負責執行的人的確有心，在上位者卻不見得真的有意，所以我們看到的結果才會這樣。我開始思考是否還要堅持不寫書的原則，畢竟書籍仍有其「正統」的地位，如果我要影響多數人對這段歷史的看法，出書說不定是較好的方式。

於是我改變了原來的想法，但我不想讓這本書成為「另一本講黑貓中隊的書」。我希望這本書最後呈現出來的是──你過去不知道的快刀計畫。所以在寫作的過程中，我做了幾個決定：

第一，大量使用解密檔案作為素材，而非透過其他同主題書籍常用的當事人訪談來進行。本書的內容絕大部分是參考中情局的解密文件和美國國務院公開的《美國外交檔案》

（Foreign Relations of the United States），另外也有相當的部分引用了國史館的總統文物檔案，不足之處則參考了國內外的相關著作。

第二，題材以政府高層的決策過程以及情報需求的產生與滿足為主。這是因為中情局U-2偵察計畫的重要使命，在於滿足美國政府的國家情報需求，即使快刀計畫是透過國府空軍駕駛的U-2來執行，為美國政府服務的目的並未改變，只是在部分決策的過程中多了國府高層的參與而已。

第三，以中情局派駐在台灣的H分遣隊（Detachment H）的觀點來敘述快刀計畫的執行，而非國府空軍的黑貓中隊。儘管黑貓中隊為快刀計畫犧牲了不少飛行員，在中情局的眼中，黑貓中隊只是H分遣隊裡負責執行任務的飛行單位，中情局有些跟這項計畫相關的決定甚至還故意不讓黑貓中隊知道。

原則上，我是依照時間的先後順序寫作，不過為了主題的完整，有少部分的內容會用前後交錯的方式呈現。跟其他同主題的書相比，本書中相關人物與飛機的照片較少，原因之一是我沒有取得這些照片的特殊管道，另一方面是我認為這類照片對本書的題材沒有加分的效果，所以也不覺得遺憾。但我特別從中情局檔案挑出一些與任務或情報有關的圖，並在不損其原意的前提下，加上中文註解或將模糊的部分強化，作為輔助說明之用。

我並沒有按照學術著作的規格，將引用過的中情局檔案細目一一列出，因為唯有親自前往華府的國家檔案局才能閱覽這些檔案，把細目列舉出來恐怕只會佔用過多篇幅，無法發揮效益。我仍會如過去一樣，不定期在部落格上分享這些曾是絕對機密的文

件內容。

這本書能夠完成，我除了要感謝Joseph Donoghue這位頭號功臣，還要感謝華錫鈞、蔡盛雄、楊世駒、王濤、瞿慧蓮、傅鏡平、古旺金、郭冠麟、張興民、Chris Pocock、Wai Yip、Roy Colding對本書所提供直接與間接的協助。遺憾的是，王濤和楊世駒兩位前任隊長在完稿後相繼辭世，願他們在天之靈安息。我也要謝謝國史館將重要的總統文物數位化和開放檢索，讓本書的內容更加豐富。其實據我所知，國史館內還有部分快刀計畫的檔案尚未開放閱覽，希望國史館可以加速這方面處理的過程。

最後，我要感謝秀威資訊在出版過程中的協助，尤其是邵亢虎先生的熱心與耐心，讓這本書能順利呈現在大眾的眼前。

我堅信檔案文件必須經過分享和運用，才能發揮它當初被保存下來的價值。我盡力將我爬梳檔案的收穫在這本書中呈現，如果未能符合諸位的期望，必然是我個人的疏忽，而非這些文件的問題，希望各位讀者能不吝於指正。

張維斌 謹識
2012年1月

目次

1974

圖目次

1957

U-2初探中國大陸

　　1957年8月4日，一架隸屬於美國中央情報局（Central Intelligence Agency，以下簡稱中情局）的U-2高空偵察機從巴基斯坦的拉合爾（Lahore）基地起飛，執行編號4036的任務。這架U-2起飛後，持續以東北的航向對地面目標進行偵照，直到蘇聯與外蒙古在貝加爾湖南方的邊界再折返，途中飛越了中國大陸的新疆上空。

　　這是中情局的U-2從1956年正式服役以來，首度（也是非法的）進入中共統治地區的上空執行偵察任務。1950年代的新疆仍是低度開發的地區，所以這趟任務除了拍到迪化（現改稱烏魯木齊）跟和闐（現為和田）這兩座較大的城市，其餘是一片荒蕪的不毛之地，幾無任何情報價值。

　　4036號任務是中情局SOFT TOUCH行動的一部分，這次行動的主要偵察目標，是以拉合爾為中心，西起鹹海、東至新庫斯內次（Novokuznetsk）的這塊扇形區域內的蘇聯飛彈與核子設施。美國總統艾森豪（Dwight D. Eisenhower）在1954年底決定發展U-2偵察機，並在後來批准中情局以U-2秘密進入蘇聯共產集團國家的領空偵照，目的就是要蒐集蘇聯在長程轟炸機、洲際飛彈

與核子武器的發展與部署狀況，研判他們是否有使用這些武器攻擊美國的意圖。

　　此時中共對美國國家戰略的重要程度仍不及蘇聯和東歐共產國家，所以4036號任務其實只是順道對新疆地區拍照。但是歷史的發展往往出人意料，短短幾年後，中國大陸就取代蘇聯，成為U-2的頭號偵察目標，而且在這裡寫下U-2服役史上犧牲最慘重的一段。

偽裝高空氣象研究

　　SOFT TOUCH行動是由中情局在1956年於土耳其茵色里克（Incirlik）設立的B分遣隊（Detachment B）負責執行，中情局在西德境內另設有A分遣隊。這兩個地點的選擇都是基於地利之便，因為蘇聯的政經中心與主要戰略武器設施多半位於歐洲境內。中情局到了1957年初才在東亞的日本厚木基地成立U-2的C分遣隊，儘管日本離中國大陸不遠，C分遣隊選在這個地點主要仍是為了偵察蘇聯的濱海省分。

　　A、B、C三個分遣隊對外都宣稱是美國空軍的氣象研究單位，番號分別是第1、2、3氣象偵察暫編中隊（Weather Reconnaissance Squadron [Provisional]），他們對外公開的任務是以U-2支援國家航空諮詢委員會[1]在海外的高空氣象研究。由於國

---

[1]　National Advisory Committee for Aeronautics，簡稱NACA，於1958年10月改制為眾人熟知的國家航空與太空總署（National Aeronautics and Space Administration，

家航空諮詢委員會在美國國本土之外沒有自己的設施，所以由美國空軍在海外基地成立臨時專案編組性質的暫編中隊提供作業上的協助，這樣的說法聽起來也合情合理。

只不過這些暫編中隊都是用來掩飾真相的外表，他們的飛行員是不具軍人身份的中情局人員，他們的真正任務是以U-2飛入蘇聯和東歐附庸國的領空，蒐集這些國家的戰略情報。通常以偵察機執行偵察任務是空軍的工作，但只有在戰爭期間才能進入敵國的領空偵察。美國和蘇聯雖然處在冷戰的狀態，可是雙方並沒有互相宣戰，所以U-2進入蘇聯集團上空偵察是不折不扣的非法行為。為了避免在U-2失事時因為被俘飛行員是軍職身份而引發戰爭，艾森豪決定把這項計畫交給文職身份的中情局執行，而不是美國空軍。

由於美國本土與蘇聯和東歐距離遙遠，U-2必須借用美國盟國的基地起飛，航程才能涵蓋蘇聯共產國家。然而大部分的盟國都不願涉入美國的間諜活動，中情局無法大刺刺的以真實的身份進駐這些盟國，只能假冒氣象研究的名義借用基地設施，所以才會披上美國空軍氣象研究單位的偽裝。而根據美國空軍的規定，暫編中隊不須定期對上級單位報告，使用這種編制的掩護，還可以達到對內保密的效果。

其實最初發展U-2並不是中情局的構想。設計U-2的洛克希德（Lockheed）公司當初是為了爭取美國空軍高空偵察機的合約，主動向空軍提出編號CL-282的設計案，不過美國空軍當時已心

NASA）。

有所屬,所以對CL-282興趣缺缺。反而是艾森豪總統聘請的幾個科技顧問看過這項設計後就被其中的創新概念吸引,因而積極向總統和中情局長艾倫·杜勒斯(Allen W. Dulles)鼓吹遊說,艾森豪才在1954年底批准由中情局接下這個案子。

圖1:U-2還在試飛階段時,中情局就已經在它們的垂直尾翼漆上NACA的字樣,以掩人耳目。(USAF)

被趕鴨子上架的杜勒斯指定他的特別助理畢斯爾（Richard M. Bissell）擔任這項專案的負責人，中情局為這個專案指定了AQUATONE的代號，但是跟洛克希德簽約時用的卻是OARFISH的計畫代號。這項專案展開後，洛克希德的鬼才強森（Clarence L. "Kelly" Johnson）變更了CL-282的若干設計，同時發揮他著名的效率，不到八個月就完成了第一架現在稱為U-2的原型機。

諷刺的是，原先對CL-282意興闌珊的美國空軍在參與U-2的試飛作業後，反而非常欣賞它優異的性能，因此透過中情局向洛克希德採購了一批U-2。美國空軍的這項計畫稱為DRAGON LADY。

國府成立戰略偵察部隊

美國空軍從1954年起就陸續對國府空軍提供RT-33、RF-86、RF-84等戰術偵察機，由國府空軍飛行員駕駛，對大陸東南沿海機場、鐵路、港口等設施進行經常性的偵照。這些偵察任務都是在美國的聯參情報處（J-2）、太平洋司令部（US Pacific Command）、台灣防衛司令部（US Taiwan Defense Command）情報官的督導下進行，國府固定會將這些任務所得的照相情報與美方分享。

但自從中共解放軍引進MiG-17戰鬥機後，這些國府的戰術偵察機在性能上開始處於劣勢，而且中共也在超出國府偵察機航程外的區域建造新的機場，因此國防部長俞大維在1956年6月要

求美國提供航程更遠、性能更佳的偵察機。美國國防部在參謀首長聯席會議的建議下，於同年7月同意提供兩架RB-57A-1高空偵察機，讓國府空軍能夠執行深入大陸內部的偵照任務。

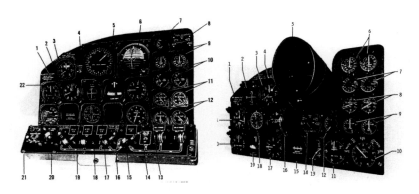

圖2：RB-57A-1駕駛艙的儀表板（右）很明顯的比一般RB-57A的儀表板（左）多了
　　一具光學觀景窗。（USAF）

這兩架RB-57A-1是美國空軍HEART THROB計畫所遺留下來的。這項計畫一共改裝了十架RB-57A偵察機,將原本位於駕駛座後方的領航員席位取消,並拆除所有的導航設備,只留下一具自動定向儀(Automatic Direction Finder),原來的發動機則以推力更大的型式取代。改裝後的飛機比一般的RB-57A輕了3500磅,飛行高度提升到55,000呎以上,因此飛行員必須穿著部分壓力衣執行任務。RB-57A-1的外型跟一般RB-57A最明顯的差異,是原本透明的玻璃機鼻被不透明的整流罩取代。在偵照時,飛行員是利用一具光學觀景窗透過機首下方的開口來調整航線對準目標。

美國駐遠東空軍在1955年8月接收RB-57A-1後,曾經用這些飛機偵察蘇聯的濱海省分和中國的東北,但是次數很少。過了一年多,美國駐遠東空軍的RB-57A-1就被性能更好的RB-57D取代。

國府空軍在1956年11月底派遣盧錫良、林佐時、張育保、趙廣華、金懋昶、王英欽等六位飛行軍官赴美,接受一般RB-57A的飛行訓練。等到他們在次年5月返回台灣,其中四人(金懋昶與王英欽未同行)又馬不停蹄的前往美軍位於沖繩的嘉手納空軍基地,接受RB-57A-1的海洋飛行和偵察訓練。

1957年9月,時間點正好是中情局的SOFT TOUCH行動結束後不久,美國空軍的飛行員將兩架RB-57A-1高空偵察機從嘉手納基地飛到桃園,移交給當地的國府空軍第4混合中隊,中華民國空軍從此具備了空中戰略偵察的能力。美國駐太平洋空軍司令庫特(Laurence S. Kuter)上將當時曾向國府的參謀總長王叔銘

指出，「我太平洋盟友之飛機均予現代化，尤以貴國空軍為甚，因其時與共匪接觸也。目前在遠東貴國空軍為唯一具有RB-57者也。」所以RB-57A-1的接收，也象徵國府空軍跟美國空軍的合作進入一個新的紀元。

1958

刺探中國東南沿海

　　第4中隊的RB-57A-1在1957年12月6日由盧錫良駕駛，執行首次對中共偵察任務，目標區是海南島一帶。美國空軍當初提供已退居第二線的RB-57A-1給國府，是認為它的飛行高度可以免於遭到中共戰鬥機的攔截，而它的航程也能讓國府空軍深入內陸或前進北方，偵照中共的政經中心與戰略設施。但是讓庫特上將引以為傲的優勢並沒有持續多久，在1958年2月18日的第四次RB-57A-1任務中，趙廣華駕駛的飛機就被解放軍的MiG-17PF擊落。

　　這次事件中斷了國府剛建立的戰略偵察能力。由於美國從1956年底就停止以軍機飛越他國領空偵察[2]，所以由中情局駐在日本的C分遣隊U-2來接手是理所當然的安排，只是C分遣隊在這個時候被其他的事綁住了。

---

[2] 1956年12月11日，六架部署在日本橫田基地的美國空軍RB-57D連續起飛，其中三架是任務機，另三架為預備。在晴空萬里的午後時分，三架任務機大剌剌的飛越蘇聯在遠東地區的重要軍港海參崴，分別偵察不同的目標。蘇聯在四天後向美國提出抗議，蘇聯外交官甚至掌握了當天執行任務的RB-57D機號。艾森豪得知之後大怒，命令國防部長、參謀聯席會議主席和中情局長，即刻停止所有偵察鐵幕的任務。此後，美國就不再以軍用機非法侵入他國領空偵察。

印尼總統蘇卡諾（Sukarno）在1956年訪問蘇聯和中國等共產國家後，慢慢顯露出親共的傾向。唯恐共產主義勢力在亞洲蔓延擴大，中情局秘密跟反抗蘇卡諾政權的的印尼叛軍接觸，初期是透過金錢援助和提供技術支援的方式來扶植反抗勢力。但是印尼革命政府在1958年2月15日宣布成立後，蘇卡諾領導的中央政府派兵攻擊蘇門答臘和蘇拉維西（舊稱Celebes）兩個大島上的革命軍，對革命軍的實力造成重大打擊。

　　2月底，美國政府決定幫革命軍成立空軍部隊，直接用武力來協助，因為唯有這樣才能跟中央政府軍抗衡。中情局獲得艾森豪總統授權執行HAIK行動，找來了當時有許多國家都在使用的P-51和B-26兩種二戰時期的飛機，並利用反叛的印尼空軍飛行員搭配波蘭和菲律賓籍的傭兵飛行員來組成革命空軍。

　　中情局另外派出兩架C分遣隊的U-2進駐菲律賓蘇比克灣（Subic Bay）的庫比角（Cubi Point）海軍基地，從3月30日起，每隔一兩天就到蘇門答臘、爪哇、婆羅州、蘇拉維西這些印尼大島上空拍攝政府軍的目標。每趟任務結束後，拍攝回來的底片立刻以專機送到克拉克（Clark）空軍基地沖洗，再將分析判讀所得的情報提供給印尼革命軍。

　　5月18日，一架由中情局雇用的美籍飛行員波普（Allen Pope）駕駛的B-26在攻擊行動中被擊落，波普跳傘逃生後被印尼中央政府軍俘虜，因此讓美國秘密支援革命軍的行動曝光。消息傳回華府，中情局長艾倫‧杜勒斯跟他擔任國務卿的胞兄約翰‧杜勒斯（John F. Dulles）討論之後，下令中情局立即停止HAIK行動，並撤出所有在當地的幹員。

C分遣隊派駐在庫比角基地的U-2並沒有在波普事件後馬上撤離，仍然繼續執行了幾次印尼偵察任務。但此時美軍從監聽獲得的情報顯示，中共解放軍的部隊正向大陸東南沿海地區移動與集結，海軍作戰部長（Chief of Naval Operations）勃克（Arleigh Burke）將軍強烈要求中情局的U-2對這個地區進行偵察。

　　6月10日上午，一架U-2從庫比角基地起飛，由海南島的南面向北接近，在距離這個中國第一大島約70海浬時轉向東飛。之後這架U-2就以65,000呎以上的高度沿著中國大陸海岸線持續北上，同時跟陸地保持50到70海浬的距離。直到抵達連雲港的外海，才轉向韓國濟州島的方向飛去，最後降落在日本的厚木基地。

　　這架屬於C分遣隊的U-2其實是利用返回日本的途中順道執行這次編號1773的任務，機上並沒有配備偵察用相機，而是以所謂的第5號系統（System 5）作電子偵察，所以不必飛進中國大陸上空就可以把解放軍部署在沿海的防空雷達訊號都記錄下來。這是中情局首次以U-2對中國沿海省分偵察，不僅結束了因為RB-57A-1停止行動而出現的情報空窗期，也是U-2一連串偵察中共任務的開端。

　　因應勃克提出的情報需求，C分遣隊剛回到日本，就展開另一次部署行動，把U-2先轉場到距離中國大陸沿岸較近的沖繩那霸機場待命。6月19日上午，一架U-2從那霸起飛，執行6012號任務。這架U-2一路爬升到安全高度後，就從福州進入中共領空。之後沿著海岸線往北飛，經過溫州到舟山群島後轉向西飛，通過

寧波、嘉興、湖洲後往北，再轉向東方飛往上海。出海之後改向南方沿著原路飛到福州，再脫離中共領空返航。

　　雖然U-2已經不是第一次進入中國大陸上空，這卻是U-2頭一回飛越中國的人口密集地帶。這架U-2底下不時有米格機跟著，顯然解放軍的雷達已經有能力偵測到60,000呎以上的飛機，只是這些米格機無法鑽升到U-2的高度，所以一路伴飛跟監。解放軍在上海地區就有江灣、虹橋、龍華、大場等四座機場，6012號任務在這幾個機場總共發現120架MiG-15與MiG-17戰鬥機，另外在庄橋、杭州、嘉興、路橋等機場也發現有米格機進駐。這次任務所拍到距離台灣最近的福州機場則未見米格機。

高空監控823砲戰

　　強烈颱風溫妮（Winnie）從1958年7月14日起影響台灣，並於15日晚間從花蓮登陸，橫掃中台灣而過。C分遣隊的U-2並沒有因為颱風而閒著，從14日起一連三天，每天都有一架U-2升空，從高空拍攝溫妮颱風，16日的1776號任務還到台灣上空拍照。原本C分遣隊是假借氣象偵察中隊的名義進駐厚木基地，這三次任務總算讓他們變得名符其實。

　　颱風警報一解除，另一種警報聲卻接著響起。國府的參謀總長王叔銘在17日下令三軍加強戒備，並且取消官兵的休假。29日，國府空軍四架F-84G戰鬥機在偵巡途中被米格機偷襲而損失兩架。往後的幾個星期內，台海上空陸續發生大小空戰。解放軍

的米格機在金馬附近上空出現的次數越來越密集，甚至偶而直接飛越上空。國府國防部也相繼證實，米格機已經進駐台灣海峽正面的澄海、連城、龍溪三座新建機場。

8月4日下午，蔣介石總統在陽明山召開軍事會議，除了國府高層官員，美國駐華大使莊萊德（Everett F. Drumright）、美國台灣防衛司令部新任指揮官史慕德（Roland N. Smoot）中將也同時與會。國防部長俞大維綜合他在7月下旬巡視金門的觀察和後來獲得的空中與陸上情報研判，解放軍會在三個星期內攻打金門。

史慕德在會後發給太平洋司令部的電報則指出，蔣介石深信中共已經準備而且也有能力攻打台灣。中情局在7日發出當週的情報檢討報告，指出中共在近期內不太可能發動大規模的攻擊行動，但是雙方有可能發生嚴重的空中衝突。

在戰雲密布的氣氛下，C分遣隊的U-2再度前進到沖繩島上的那霸，然後在8月20日這一天到台灣海峽對岸各省上空繞了一圈，南達廣州，北至浙江路橋，最遠還深入到江西贛縣。兩天後，6017號任務的初步判讀報告揭曉，顯示中共在這個地區的十一座機場總共有大約400架戰鬥機進駐。三天後，金門對岸的解放軍砲兵開始瘋狂砲擊，823砲戰就此開打，掀開了第二次台海危機的序幕。

在國共雙方互相砲擊的同時，美國的照相判讀人員持續分析U-2在20日拍攝的照片，一有新的重大發現便立即發佈補充報告。27日的第一次補充判讀報告指出，中國東南沿海的船隻並沒有異常的活動，只有在福清與宏路間的公路發現一個105輛車的

車隊往南移動，除此之外沒有特別的陸上活動。中情局從這些跡象研判，解放軍並沒有調動登陸作戰所需的部隊和船隻，所以除了發動砲擊，應該不會派兵登陸金門。

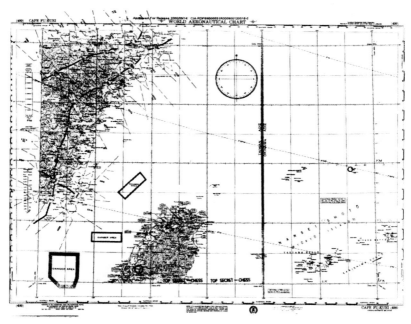

圖3：中情局在每次U-2偵照任務結束後，會根據照片所涵蓋的範圍繪製任務涵蓋圖（Mission Coverage Plot）。圖為6017號任務涵蓋圖的一部份，航線兩側喇叭形向外延伸的線段，代表U-2的B型相機七個照相角度涵蓋的範圍。（CIA）

9月10日，C分遣隊的U-2再度出動對中國大陸偵照。這次編號6019的任務所涵蓋的區域跟8月20日的任務類似，但最北只到福建、浙江交界。在偵察過程中，解放軍曾經派出米格機監控，而更特別的是這架U-2還在廣東省企石鎮上空拍到一架在45,000呎高度的MiG-15，這也是U-2首次拍攝到飛行中的解放軍戰鬥機。新華社隨後對外宣布「一架美國的U-2戰略偵察機在上午9時左右侵入福建、江西、廣東地區上空進行高空偵察」，並且引述中共外交部發言人的聲明說，這是「一項嚴重侵犯中國主權的非法行為，也是故意挑釁的舉動」。美國的《紐約時報》也作了相關的報導。

　　中情局分析6019號任務的照片後發現，在這區域內的米格機數量沒有增加，陸上與海上也沒有異常的狀況，中共仍然沒有要登陸外島的跡象。不過由於中共的抗議，國務卿建議下一次U-2對中共的偵察任務暫緩，國防部長和參謀長聯席會議主席都表示同意。

　　到了9月20日，氣象預報顯示中國大陸東南沿海的天氣晴朗，中情局想把握這次機會觀察解放軍海軍的部署，同時確認是否有部隊從內陸調往沿海，因此請求國務卿杜勒斯核准執行U-2偵察任務。基於前次任務才被中共公開抗議，杜勒斯認為美國不應該再公然侵入中共的領空，以免讓緊張的情勢更惡化，甚至鬧到聯合國去，中情局因此暫時擱置這次任務。

　　中共在10月6日凌晨以國防部長彭德懷的名義宣布停止砲擊七天，七天之後，又宣布金門砲擊再停兩星期。原本劍拔弩張的情勢看來有緩和的跡象，國務卿杜勒斯也宣布將在21日訪問台北。

22日，正當杜勒斯和蔣介石總統進行會談的時候，C分遣隊的U-2也飛進中共領空執行6023號任務。這次偵照的範圍比6019號任務更為縮小，只涵蓋了廣東、福建的部分地區，最北還不及福州。雖然執行任務的飛行員嚴重偏離了預定的路線，偵照結果仍顯示解放軍沒有增援，也無進犯金門的跡象。

10月25日，中共以彭德懷之名宣布「逢雙日不打金門的飛機場，料羅灣的碼頭、海灘和船隻」後，第二次台海危機也宣告解除。

這次砲戰轟轟烈烈的展開，國府也意指中共將登陸金門，繼而進犯台灣，試圖讓美國派兵參戰。美國一方面緊急以武器增援，並派出軍艦護航運補船隻，另一方面透過U-2在七萬英呎高空監控全局，確定中共並無登陸金門的意圖，終於有驚無險度過了危機。

借水行舟一舉二得

因為趙廣華被中共擊落，美國確定RB-57A-1已經不符合實際的需求，所以同意提供性能較優越的RB-57D給國府空軍。國府選派盧錫良、林佐時、張育保三人到美國德州拉弗林（Laughlin）空軍基地接受RB-57D換裝訓練，他們被編入第4080戰略偵察聯隊的第4025中隊受訓。

美國迅速同意以RB-57D取代已嫌落伍的RB-57A-1，其實還是站在對自己有利的立場。美國很清楚國府面臨的威脅主要是海

峽當面的解放軍部隊，內陸地區的照相情報對美國才有戰略價值。當時美國擁有的武漢以西地區的空拍照片，都是1944年到1949年之間的老照片，早就已經過時，亟需更新。

　　不過由於國府習慣運用速度取勝的戰術偵察機，而國府接收的第一種戰略偵察機在第四次任務就被擊落，所以對高空低速的戰略偵察機一時還難以接受。美國希望高空性能更好的RB-57D能夠化解國府空軍對戰略偵察機的疑慮，盡快執行深入大陸的偵照任務，一方面可以彰顯雙方密切的軍事合作關係，一方面可以免去美國所要負擔的風險，可以說是一舉兩得。

　　1958年11月中，赴美接受RB-57D換裝訓練的三位飛行員完訓返國，兩架美軍提供的RB-57D也已經飛抵桃園基地。總統蔣介石、副總統陳誠、國防會議副秘書長蔣經國三巨頭在11月27日親訪桃園，聽取RB-57D相關簡報。第二天，美國參謀長聯席會主席杜因寧（Nathan F. Twining）上將申請以RB-57D偵察台灣當面的沿海是否有解放軍部隊集結，中情局和國務院都表示贊同，艾森豪總統也批准了。

圖4：RB-57D（前）的翼展比RB-57A（後）多了42英呎，飛行高度可達
　　　65,000英呎，相對有較多的安全保障。（USAF）

1959

秘密拜訪香格里拉

1959年3月10日，由於傳言中共將利用機會綁架達賴喇嘛，數以萬計的藏人自主的聚集在西藏的拉薩以保護達賴，中共因此動用武力對付藏人，達賴率領大批藏人逃離西藏，這是史稱「西藏抗暴」事件的開端。

藏人在1956年春就發動過一次反抗行動，中情局利用這個機會開始與藏人反抗勢力進行接觸，甚至在1957年把六名康巴族藏人秘密送到塞班島上接受游擊、爆破、密碼通訊的間諜訓練。

在1957年8月的SOFT TOUCH行動中，中情局B分遣隊的U-2曾經執行一次偵察西藏的4051號任務，拍攝整個西藏地區的照片，作為繪製地圖之用，以便規劃支援西藏空投的路線和地點。U-2完成這次任務的兩個月後，中情局從國府空軍技術研究組（即俗稱的第34中隊）調派一架B-17，由中情局招募的波蘭人擔任駕駛，將第一批在塞班島完成訓練的藏人游擊隊員空降到西藏，並且成功的與外界的中情局幹員建立聯繫。此後，中情局持續利用空投對藏人反抗勢力提供彈藥、裝備和物資的補給。

達賴在1959年3月逃往印度的過程中，就有跟隨的中情局特工不時以無線電回報，讓中情局可以掌握狀況。但是留在西藏的

藏人以武力反抗,中共派兵大舉血腥鎮壓,因此美國總統艾森豪在5月決定擴大在西藏的秘密活動。中情局C分遣隊的U-2再次部署到菲律賓的庫比角海軍基地,分別在5月13日和15日執行了兩次西藏和鄰近地區的偵照任務(編號為6025與6028),所得的照片用來規劃空投的地點,另外也對解放軍在當地的軍事設施照相。C分遣隊執行完這兩次任務後,就從菲律賓撤出,返回厚木基地。

9月初,C分遣隊的U-2再度執行西藏偵察任務時,但這次的部署基地改為泰國的塔克里(Takhli)皇家空軍基地。由於塔克里離西藏較近,對U-2的航程來說是游刃有餘,因此中情局在規劃U-2的任務時,也把中國的青海、甘肅、四川、雲南等地區納入偵察的範圍。

C分遣隊在9月的部署行動中,一共執行了三次西藏與部分中國大陸地區的偵察任務(編號分別是6037、6038、6042),特別的是,U-2在這三次任務中都繞到蘭州偵照。中情局的照相分析人員在判讀這三次任務的照片後,發現蘭州的發展迅速,面積幾乎是兩年前的六倍大,更令人注意的是新擴展的區域有高達百分之五十是工業區。

由於蘭州地處荒涼的內陸,而非交通便利、人口密集的沿海地帶,中共在這裡發展的工業必然有其特殊的考量。美國派出最高機密的U-2三赴蘭州,未來也證明是慧眼獨具。

國府與美國發生齟齬

　　國府空軍的RB-57D從1959年1月開始執行大陸偵照任務，美軍將這些任務稱為STAGE SHOW行動。除了2月間因為天氣不佳和農曆春節而減少出動次數，RB-57D的任務相當頻繁，有幾次甚至兩架RB-57D同時出動。從1月到4月，STAGE SHOW行動總共執行了16次偵照任務，中情局C分遣隊的U-2在這段期間完全沒有執行任何對中共的偵察任務。

　　RB-57D開始執行任務後不久，就發現拍攝的照片沖洗出來後不夠清晰，尤其是細節的部分不容易判讀。經過詳細檢查，發現冷卻後的空氣在進入照相機艙之後，會讓油氣凝結在窗口的玻璃上，影響底片的清晰度。RB-57D因此必須停飛檢修，讓整個5月份都沒有出任務。修改完成的RB-57D在6月14日再次出動，然而才執行了三次任務，STAGE SHOW行動就陷入停滯的狀態。

　　6月23日，蘇聯中央委員會第一書記赫魯雪夫（Nikita Khrushchev）與前美國駐蘇大使哈里曼（W. Averell Harriman）會談時，提到蘇聯已經秘密提供飛彈給中共，這些部署在內陸的飛彈射程可達台灣，所以台灣隨時可能被摧毀。消息傳到台灣，蔣介石總統非常憂心，認為中共隨時都有可能動武。

　　7月5日，國府空軍的F-86戰鬥機又與解放軍的MiG-17發生空戰，五架中共戰鬥機被擊落。儘管美國相信這不是國府空軍故意挑釁，但是擔心這個事件代表國府在大陸戰術偵察任務上不想再

受到美國的約束，而想要回到823砲戰之前由戰鬥機掩護進入大陸的執行方式。

　　面對潛在的中共飛彈威脅，國府似乎決心要逕自片面行動。國防部長俞大維在7月22日通知美國台灣防衛司令部史慕德指揮官，不管美國同不同意，中華民國隨時會恢復戰鬥機護航的大陸偵察任務。第二天早上，國府的參謀本部作戰室通知美國第13航空特遣隊（Air Task Force 13）指揮官狄恩（Fred M. Dean）將軍，國防部已經下令空軍對金門當面的中共機場與砲兵陣地進行偵察。經史慕德緊急向俞部長提出抗議，任務才被取消。

　　問題的癥結在於美國在823砲戰後提供的RF-100偵察機性能不佳、無法勝任，而美國已經同意提供的另一型偵察機RF-101尚未到位，國府原有的RF-84又根本不是中共MiG-17的對手。如果國府要偵察解放軍的動向，不派戰鬥機護航就像羊入虎口，但是美國不准國府派戰機掩護的立場也非常堅定。兩國對於戰術偵察任務各自堅持己見、互不相讓，連帶影響到RB-57D的戰略偵察合作，STAGE SHOW 任務就從6月底起中斷。

　　這一停就是三個月，直到RF-101正式移交國府之前才又恢復。但在1959年10月7日的一次任務中，王英欽駕駛的RB-57D被中共的地對空飛彈擊落，RB-57D再度停止執行任務。第4中隊的RB-57D再出了兩次任務後，就退出作戰的行列，國府的戰略偵察行動再次停頓。

中情局因利乘便

　　美軍從RB-57A-1被擊落的經驗估計，RB-57D在飛行高度上所佔的優勢應該也不會維持太久，所以基於美國自身的情報利益，以及雙方多年的合作關係和默契，美國空軍很快就開始為國府規劃RB-57D的後續機種。1958年12月28日，美國空軍向參謀長聯席會議提案，讓國府換裝新型的高空偵察機——DRAGON LADY計畫的U-2——此時第4中隊的RB-57D都還沒有開始執行任務！

　　國府空軍在1959年春選出六位赴美接受U-2訓練的飛行軍官：楊世駒、郄耀華、王太佑、華錫鈞、陳懷、許仲揆，於3月間由美國空軍傑克森（Joe Jackson）少校陪同，飛到美國拉弗林空軍基地受訓。之前國府的飛行員也在這裡接受RB-57D的飛行訓練，不過他們當時是編入配備RB-57D的第4025中隊，而六位接受U-2訓練的軍官則是隸屬第4028中隊，傑克森少校就是第4028中隊的副中隊長。美國空軍把訓練國府U-2飛行員的計畫訂名為CARBON COPY。

　　7月初，國府空軍五位軍官[3]的U-2換裝訓練順利進行中，美國戰略空軍司令部開始規劃在遠東地區部署U-2的計畫，並研擬如何運用國府的這些飛行員。此時卻在半路殺出個程咬金：中情局發展專案部[4]的主管勃克（William Burke）建議副局長卡貝爾（Charles

---

[3]　許仲揆因為第一次作U-2單飛時不慎發生意外，導致飛機受損，所以被調去納里斯（Nellis）空軍基地跟當地的國府空軍學員一起接受F-100的換裝訓練。

[4]　發展專案部（Development Projects Division）是當時中情局負責U-2計畫的單位。

P. Cabell），由中情局接下國府的五位飛行員，編入駐於日本的C分遣隊，並建請副局長與美國空軍總部官員協商此事，同時尋求國務院和總統的批准。勃克在備忘錄中陳述了以下的理由：

一、C分遣隊已成立兩年，組織功能完備，且有豐富的前進部署經驗。國府飛行員加入後如需執行任務，可由C分遣隊迅速派出人員和飛機暫時進駐台灣，再從台灣起飛執行。

二、中情局的U-2不管在飛機性能或照相裝備上，都比美國空軍的U-2優越。而且中情局的人員與裝備都已經到位，所以只需將國府飛行員納入組織中，無須再增派人手或裝備。

三、C分遣隊已經借用了美國空軍第3氣象偵察中隊的假身分，戰略空軍司令部如果要部署U-2到遠東，就必須使用不同的偽裝，因為很難解釋為什麼美國需要在東亞設置這麼多氣象研究的單位。

四、無論由中情局或美國空軍的U-2進入他國領空偵察，都必須由美國總統批准。中情局由於不具軍人身份，任務的申請會比美國空軍更容易得到總統的批准。

勃克先把他的構想知會他的長官畢斯爾，畢斯爾基本上也認同勃克的建議，但是他認為此時不適合請卡貝爾馬上就去跟美國空軍協商，以免讓空軍認為中情局想要不勞而獲。他建議勃克先跟國防部裡可能會接受這種做法的空軍軍官溝通，將來中情局正

畢思爾在1954年接下這項計畫時，這個單位稱為專案幕僚室（Project Staff），後來在1958年改稱為發展專案幕僚室（Development Projects Staff），1959年起擴充為發展專案部，1962年7月再改制為特種活動室（Office of Special Activities）。由於這個單位的名稱多次變更，所以本書以U-2計畫總部作為通稱。

式提案會比較容易過關。不過當勃克把備忘錄呈給卡貝爾後，出乎畢斯爾的意料，卡貝爾直接就批准了勃克的建議。

其實中情局長杜勒斯在1954年就曾向艾森豪總統建議雇用外籍飛行員執行U-2任務，以掩飾美國幕後的角色，艾森豪也同意這一點。U-2試飛完成後，中情局的確曾選出一批過去為中情局擔任傭兵的希臘籍飛行員，讓他們接受U-2的飛行訓練。只是他們根本就無法駕馭這種飛機，由外籍飛行員執行U-2任務的想法也就不了了之。

後來中情局在1957年底成功說服美國總統和英國首相，讓英國皇家空軍加入U-2的偵察計畫。英國是以「正式會員」的身份參與中情局的U-2計畫：不僅由英國空軍飛行員駕駛U-2執行偵察任務，英國軍官也在U-2計畫總部全程參與任務的規劃，而且不限於英籍飛行員執行的任務，英國並且派出照相情報分析人員進駐華盛頓的U-2照相情報作業小組，與美方人員一起工作。

因應英國加入U-2計畫所產生的保密需要，中情局在1958年4月1日取消了原先使用的計畫代號AQUATONE，改用新的代號CHALICE。第一批接受U-2換裝訓練的英國皇家空軍飛行員共有四位，他們於1958年4月底抵達拉弗林空軍基地，其中一人不幸在訓練過程中失事殉職，英國另派出一人遞補。

完訓後的英國飛行員加入中情局設在土耳其的B分遣隊，並在1958年底前開始執行任務，他們主要負責中東地區的偵照任務，另外也執行過沿著蘇聯邊界進行的電子偵察任務。1959年12月6日，英國U-2飛行員首度執行飛越蘇聯領空的8005號偵察任務，但在1960年2月5日完成第二次同類型任務（編號8009）後，

英國飛行員就不再擔任飛越蘇聯的任務。

　　至於五位到美國受訓的國府空軍飛行軍官在1959年9月下旬束裝返台後，因為美國方面仍未決定要如何進行，所以他們都先返回原單位待命。

　　中情局在勃克的建議獲得批准後，開始跟美國空軍進行一段角力的過程。相關過程的記載目前尚未解密，但顯然中情局佔了上風，從1960年起就由他們取得與國府洽談合作執行U-2偵察計畫的主導權。

圖5：國府空軍作戰署長雷炎均於1959年間前往拉弗林基地探視接受U-2飛行訓練的國府飛行員。由左至右分別為：陳懷、傑克森、華錫鈞、郤耀華、第4028中隊長諾爾（Jack D. Nole）、雷炎均、第4080聯隊長布雷頓（Andrew J. Bratton）、楊世駒、王太佑。

1960

蘇聯首開記錄擊落U-2

　　1960年上半的某日，中情局派出一個工作小組前來台灣。透過美國海軍輔助通信中心（Naval Auxiliary Communication Center，其實就是中情局的台北工作站）主任克萊恩（Ray S. Cline）的安排，他們向蔣介石總統簡報了與國府進行U-2偵察合作的構想，也讓蔣總統看了U-2拍攝的照片。第二天，中情局工作小組搭機前往公館（即現在的清泉崗）和桃園兩座空軍基地勘查，同時也拜訪位於桃園基地的照相技術隊，了解他們照相情報作業的能量。

　　這個小組離開台灣後不久，中情局的U-2偵察計畫就遭受重大的打擊。5月1日，由B分遣隊飛行員包爾斯（Francis Gary Powers）駕駛的360號U-2，從巴基斯坦的白夏瓦（Peshwar）出發執行代號GRAND SLAM的任務，進入蘇聯領空偵照。但是在任務進行到大約一半的時候，蘇聯連續發射多枚SA-2地對空飛彈將這架U-2擊落，包爾斯棄機跳傘後被蘇聯俘虜。美國國安局在包爾斯應該返航降落之前，就監聽到蘇聯防空部隊已經停止用雷達追蹤這架不明飛機。消息一傳到中情局的U-2計畫總部，大家就知道苗頭不對了。

美國政府高層經過一整天的緊急會商，決定將已經預先編好的故事稍加修飾後作為正式的聲明。於是美國國家航太總署在5月3日公開宣佈，「一架執行航太總署與美國空軍聯合氣象研究任務的U-2，由航太總署外包的洛克希德公司飛行員駕駛，於1日早上從土耳其的阿典那（Adana）起飛後墜毀在土耳其東部，飛行員曾回報機上的供氧系統發生故障。」杜勒斯和畢斯爾向艾森豪總統保證，飛行員在那樣的高度失事絕對不可能存活，所以這個聲明不會有問題。

　　蘇聯總理赫魯雪夫也不是省油的燈，雖然他手上已經握有人證和物證，卻故意一次只放一點消息，目的是讓美國的謊話越說越多。他到5月5日才對外宣布蘇聯在斯弗羅夫斯克（Sverdlovsk）附近打下了一架美國的間諜飛機，可是完全沒有提到飛行員的狀況。赫魯雪夫宣布的消息引起美國新聞界一陣騷動，於是航太總署又發佈了一則新聞稿繼續圓謊，而且捏造了更多的細節。赫魯雪夫眼見美國已經中計，就在7日公布飛行員不僅生還，而且還承認他是在執行偵察蘇聯的任務時被擊落。

　　這下子美國的謊言完全被戳破，中情局長杜勒斯向艾森豪請辭以示負責，但艾森豪決定承擔所有的責任，他在11日舉行的記者會上公開宣佈，他不但事前知情，任務還是他親自批准的。

　　隨後在巴黎召開的美、英、法、蘇四國高峰會上，赫魯雪夫要求艾森豪公開道歉，艾森豪拒絕道歉，但保證在他剩餘的任期內，美國絕對不會再有進入蘇聯領空偵察的行為。不滿的赫魯雪夫因此拂袖而去，高峰會為之中斷，原本艾森豪預定訪問蘇聯的計畫也化為泡影。

圖6：包爾斯被蘇聯擊落後，中情局為了證明U-2的確是用來進行高空氣象研究，特別在378號U-2的垂直尾翼漆上NASA的標誌和假序號，於5月6日公開給記者拍照。巧合的是，這架U-2在兩年後也被中共的飛彈擊落。（NASA）

U-2還有沒有明天？

　　包爾斯的被俘讓原本是最高機密的CHALICE計畫曝了光，中情局因此趕緊進行損害管制，從5月中開始，中情局的U-2計畫就改用IDEALIST的代號。

　　包爾斯事件波及到幾個提供部署地點給中情局U-2作業的國家。派駐在B分遣隊的英國飛行員在事件發生後就立刻撤離土耳其，然而英國參與U-2偵察計畫的風聲還是傳到了反對黨議員的耳中，他們準備在議會裡藉此好好修理執政黨。面對議員的質詢，空軍大臣直接拒絕回答，代表總理回答的內政大臣則表示無法公開揭露任何有關情報作業的性質或內情。

　　C分遣隊所在的日本，眾議院正為美日安保條約而爭執不斷，包爾斯事件更是雪上加霜，最後安保條約還是在混亂中通過。中情局本來計畫在7月15日開始逐步把C分遣隊撤回美國，9月1日完全清空。不過擋不住來自各界壓力的日本政府在7月8日就要求美國撤回部署在厚木基地的U-2，美國只好連夜將C分遣隊的U-2拆解裝箱，第二天就用運輸機送回美國本土。到了8月中，所有C分遣隊的人員全部都已經撤離，向海軍借用的設施也全部交還給海軍。

　　包爾斯事件的起點土耳其，反而沒有這些民主國家面對的問題，5月27日的一場政變讓原來的總理下台，但是新政府並不清楚美、土兩國在U-2偵察計畫上的合作。所以中情局只把原來部署在

阿典那（Adana）的四架U-2運回三架，另一架則鎖在茵色里克空軍基地的一個棚廠，等待將來有一天能夠再出任務。

至於被中情局拿來當擋箭牌的國家航太總署，因為怕牽扯到間諜行為會影響它在科學界的地位，也決定不再支持原先U-2是用來從事氣象研究的說法。

由於艾森豪總統已經宣布不會再以U-2飛越蘇聯，中情局是否還有必要保有一支U-2的機隊？如果答案是肯定的，目的是什麼？要部署在哪裡？這些是畢斯爾在包爾斯事件後必須找到答案的問題。

按照政治上的風險高低排序，中情局的U-2在過去的四年間偵察過蘇聯、東歐集團、中共、中東和印尼等國家。艾森豪的宣示，代表U-2在他剩下的任期內不會再重返蘇聯和東歐國家上空。但世界局勢如果發生重大變化，艾森豪就可能會重新考慮他的決定，至少新總統在上任後有可能會檢討前朝的決定。畢斯爾認為，如果蘇聯和東歐持續列為U-2的禁區，中共就是美國的首要偵察對象，所以最好在中共改善防空能力之前就能對其主要目標實施偵照。局勢不穩的中東、東南亞、古巴等地區，也可能因為突發狀況而有偵照的需要。

基於以上的需求分析，畢斯爾認為中情局應該繼續保有U-2。尤其是偵察中共的任務，畢斯爾認為中共還沒有在境內部署地對空飛彈（事後證實這是錯誤的資訊），對U-2暫無威脅。而且由中情局來執行這類任務，會比美國空軍更容易掩飾美國的真正角色，萬一事跡敗露，也比較容易解釋為間諜行為，而非軍人執行的作戰行動。

至於U-2部署的地點，畢斯爾認為即使美國要重啟飛越蘇聯的偵察行動，也不該再從鄰近蘇聯的盟國出發，以免蘇聯對這些盟國報復。因此畢斯爾建議在若干U-2上加裝空中加油的設備，以增加其航程，執行蘇聯偵察任務時就可以從距離較遠的地點出發，蘇聯也就無從得知這些U-2從哪個國家起飛。另一種可行的方式，是讓執行蘇聯任務的U-2從航空母艦上起飛，再透過空中加油延伸航程，就不需要借用盟國的基地。

　　包爾斯事件讓U-2背負了「間諜飛機」的罪名，並且促使美國今後在運用U-2時更為戒慎恐懼，但也讓中共從美國的目標清單上突顯出來。畢斯爾甚至不認為在執行飛越中國大陸的任務時需要為提供基地的盟國煩惱，因為他已經找到願意提供執行據點的國家。

中情局與國府密集協商

　　中情局在包爾斯事件的陰影下關閉了他們在美國境外建立的U-2基地，卻沒有停止在台灣尋找適合U-2使用的據點。而或許是因為國府堅決「反共抗俄」的立場，加上當時仍在威權體制之下，即使英、日兩國暫時對U-2敬謝不敏，國府並不排斥在台灣建立U-2的行動根據地。由於公館基地幅員廣闊，而且有其他美軍單位在使用，所以中情局在前次來台勘查後偏向採用隱蔽性稍佳的桃園基地。1960年6月下旬，中情局再次派人來台勘查地點，只是此時依然沒有完全確定U-2將來是否就以桃園為基地。

其實中情局也還沒有決定台灣將來在U-2偵察計畫裡的分工與角色。勃克在前一年7月所提的建議，是把國府的U-2飛行員編入日本厚木基地的C分遣隊，等到執行任務前再到台灣作暫時性的部署。C分遣隊因為包爾斯事件而被迫撤離後，這項建議已經不可行，所以中情局此時考慮以下兩種可能的進行方式：第一是在台灣設立一個分遣隊，把這裡作為長期的基地；第二種方式是把國府的飛行員編到美國愛德華（Edwards）空軍基地的G分遣隊，等到出任務前再派遣人員和飛機進駐台灣。

7月中，之前在美國受訓的五位飛行員再度赴美進行U-2的複訓。8月26日，美國國務院同意中情局採用第一種方式進行，在台灣成立一支U-2分遣隊，並指示中情局就這種作業模式與國府作進一步的協商。不過中情局並沒有被授權做最後的決定，換句話說，這項看來勢在必行的合作其實還有變數。

10月中，中情局再度派員來台與國府進行協商，主要成員包括中情局發展專案部執行官麥克馬洪（John N. McMahon）、IDEALIST計畫作戰長松格（Donald E. Songer）中校、美國空軍派駐IDEALIST計畫聯絡官蓋瑞（Leo P. Geary）上校等人。中情局與國府為這項合作案定名為快刀計畫（Project RAZOR），10月19日上午，雙方在美國海軍輔助通信中心召開快刀計畫第一次會議，國府方面由空軍情報署署長衣復恩和副署長黃惟敬代表。

美方在會中建議使用桃園基地，預計派遣48名工作人員進駐台灣，並說明第一架U-2將於11月30日以C-124運輸機空運來台，第二架U-2則於次年9月1日抵台。美方要求國府空軍協助提供美

方已選定地點的一座木造棚廠，另外提供兩座機堡、停機坪、交通工具、人員宿舍。

衣復恩表示，中華民國空軍可提供基地、飛行員與必要之工作人員，同時協助解決48名工作人員的住宿問題，但飛機棚廠、裝備、庫房、工作津貼等，應由美方負責。衣復恩並建議在隱密性較佳的另一處地點新建棚廠，如時間不容許，可考慮將預備用的棚廠拆遷至該處。由於桃園基地的設施與裝備多由美援的款項支應，如果快刀計畫需動用美援設備，須先徵得美軍顧問團的同意，也恐怕會影響到國府空軍的戰力，因此國府方面希望美方能對快刀計畫的合作模式加以澄清。

美方說明快刀計畫與美援完全無關，雙方並決定在第二天由黃惟敬與包炳光陪同美方人員到桃園基地勘查後，再舉行會談。

10月20日下午，美方與國府人員於空軍總部再度開會討論。美方同意衣復恩所建議的地點較佳，請國府評估是否能在最短時間內興建棚廠，同時協助設計與估價，另外對討論備用的棚廠也作必要的整備。但美方仍希望在不影響國府空軍戰力的原則下，在過渡時期借用相關車輛與設施。此外，雙方人員的安全措施由雙方各自負責。

衣復恩針對美方所提意見，說明中華民國方面願意盡力協助棚廠的興建與改建，但本計畫所需之裝備仍應以美方提供為主，並以不影響軍援款項與部隊戰力為原則。如果美方同意停止RB-57D任務，該項計畫的任務提示室與個人裝備室可加以利用。衣復恩並建議，快刀計畫可以偽裝由美方將飛機出售給中華民國空軍，一旦發生任何事件，都與美方無關。國府也將保證，當美方

提出收回飛機之議時，不會持任何異議。

10月22日上午，快刀計畫再度召開會議，雙方除了同意在中國大陸高空偵察任務上密切合作，並達成幾項協議，重點摘要如下：

- 權責劃分：一、中華民國空軍負責派遣飛行員與必要之地勤人員，並支援警衛等人力，美方不須負責前述人員的費用支出。二、中華民國空軍提供基地與停機坪、機堡，如確有必要，可暫借一座棚廠作暫時性使用。三、美方負責提供飛機與必要的零件與工具，但所有權仍屬美方，美方得在必要時將飛機調往他處。四、美方負責派遣飛行教官與維修、通訊、保防、行政人員，相關費用由美方負責。五、特種車輛與一般車輛均由美方負責提供，但在一般車輛運抵前如果不影響部隊運作，美方可先按照實際需要向中華民國空軍借用。

- 保防措施：一、美方提供的飛機以廠商售予中華民國空軍的方式進駐，進駐時必須完成銷售程序與文件，並使用中華民國空軍之標誌與序號。二、美方工作人員以中華民國政府雇員之身分進駐。三、美方提供之交通工具得使用中華民國空軍之標誌與編號。四、中華民國空軍有權指定保防單位調查美方派遣駐台人員，美方亦有權調查中華民國空軍參與之人員。

- 作戰指揮：一、偵察目標由雙方同意後決定。任何一方依據需求提出之目標，送交華府美方總部審定，再送中華民國審查後作最後決定。二、雙方決定目標後，由美方負責規劃作戰任務，並由中華民國同意後執行。三、中華民國空軍負責

任務提示與歸詢，美方得派員列席參加。四、美方應協助照相技術隊提升照相調製能力，以確保處理時效與安全。五、雙方共享偵照成果，照片之發佈，需經雙方同意。

中情局人員於25日返回美國，國府空軍在月底透過中情局台北站通知美方，興建棚廠的估價為美金38,801元。國府空軍表示，只要美方同意動工，國府方面可配合日夜趕工，以便在11月中完成主要的工程。這在當時是一筆不小的數目，畢斯爾雖然有核准這筆經費的權限，可是他擔心一旦花錢蓋好這座棚廠，國府就會認定這是美國決定進行這項計畫的具體承諾，萬一將來美國決定不進行，反而會有不良後果。所以畢斯爾在11月3日到白宮找艾森豪的助理古派斯特（Andrew J. Goodpaster），麻煩他請總統作最後的決定。艾森豪在第二天批准，由古派斯特將軍在8日通知畢斯爾，這時國府和美國的U-2合作偵察計畫才算真正底定。

總統批准的消息傳到中情局發展專案部的時候，正好在討論進駐台灣的計畫，當天的會議訂出下列的時程（後來實際執行時略有延誤）：

- 11月22日：分遣隊指揮官與先遣人員抵達台灣
- 11月28日：洛克希德公司人員抵達
- 11月30日：第一架U-2與飛行教官抵達
- 12月3日：進行第一次功能檢測試飛
- 12月4日：開始進行國府空軍飛行員的轉換訓練
- 12月5日：所有人員到齊
- 12月20日：完成戰備

- 12月29日：第二架U-2抵達

中情局內部把國府的U-2偵察合作案稱為TACKLE計畫（跟英國合作的部分稱為JACKSON），在桃園基地成立的單位則編制為H分遣隊。

前面提到，快刀計畫的偽裝是中華民國政府向美國洛克希德公司購買了兩架U-2，並由洛克希德派出技術代表進駐台灣，協助國府空軍操作這兩架飛機。為了讓這個故事更有說服力，中情局安排國務院和海關在1960年12月7日發出兩架U-2的出口執照。

這兩架U-2是配備J75發動機的U-2C型，其中的第一架於11月底前後以運輸機載運到台灣，第二架U-2則是由中情局的飛行員納特森（Marty Knutson）在1961年2月初飛到桃園。由於U-2C的推力比國府飛行員接受美國空軍訓練所用的U-2A大，操縱性能不盡相同，所以中情局飛行教官艾瑞克森（Bob Ericson）在秘密抵台後，還得協助國府飛行員作換裝訓練。

1961

美國新政府的顧慮

　　中情局的人員和裝備在1960年底陸續抵達台灣時，國府與美國之間其實並沒有書面的約定，而是在一切就定位之後，才針對這項計畫的合作事宜簽訂備忘錄（Memorandum of Understanding）。這份備忘錄的確切簽訂時間和內容至今仍未解密，不過衣復恩在回憶錄《我的回憶》中提到「雙方在1961年1月25日初簽」，應該就是指簽訂備忘錄的日期。

　　中情局派駐在H分遣隊的人員相當完整，由一位指揮官領軍，其下包括行政、財務、作戰、飛行、領航、器材、個人裝備、倉管、保防、通訊等專業人員，另外還包括U-2主要承包商派出的飛機、發動機、相機方面的技術人員。國府為了配合這項計畫的執行，在1961年2月1日成立空軍氣象偵察研究組，對外稱為第35中隊。由於隊徽採用了黑貓的圖案，因此又有黑貓中隊之暱稱。相對於H分遣隊的美方人員，氣象偵察研究組的組成相對簡單，除了組長之外，還包括作戰、氣象、飛行、領航、安全、警衛的人員。

　　雖然一切就緒，卻不代表H分遣隊可以開始執行中國大陸偵察任務。美國總統艾森豪和國務院在1960年批准TACKLE

計畫時，附帶條件是每次執行任務前必須再由他們審核通過。不過在畢斯爾得知艾森豪批准之前，民主黨的甘迺迪（John F. Kennedy）就在大選中擊敗共和黨的尼克森（Richard M. Nixon），當選下一任美國總統。因此H分遣隊何時可以執行任務，就有待新總統裁定。

　　甘迺迪在1961年1月20日宣誓就職後的首次電視記者會上，針對記者問到是否曾向蘇聯保證不再飛越其領空偵察，回答說：「我已經下令不得再恢復這些任務，這是延續艾森豪總統去年5月所下的命令。」當時甘迺迪所指的是飛越蘇聯的任務，但是這位新任總統對於飛越中國大陸的偵察行動是否也有相同的看法？

　　除了TACKLE計畫，中情局之前與國府空軍合作的GROSBEAK計畫已經進行了三年多，由新竹基地的技術研究組負責以P2V-7U進入中國大陸進行低空電子偵察與人員空降滲透。甘迺迪上任後，GROSBEAK計畫執行完1月24日的任務就奉命暫時停止出動，跟TACKLE計畫一起接受美國新政府的檢討。中情局副局長卡貝爾在2月初指示發展專案部準備向甘迺迪簡報GROSBEAK和TACKLE計畫，但是這場簡報一直沒有機會進行。

　　到了3月3日，卡貝爾先跟國務院開會簡報這兩個項計畫。會中，國務卿魯斯克（Dean Rusk）因要接見訪客先行離席，國務次卿鮑爾斯（Chester A. Bowles）接著就指出，甘迺迪總統因為剛開始熟悉國際事務，需要一些時間來了解當前中共與蘇俄關係對美國的影響，所以國務院希望這兩項計畫或其中一項能推遲三到四個月再執行。卡貝爾認為牽涉到U-2的TACKLE計畫比較敏

感，所以表示這項計畫可以暫緩。這次會議最後並沒有明確的結論，不過顯然TACKLE計畫必須等上一段時間才會明朗。

3月19日，在桃園基地的一次夜間訓練任務中，郄耀華駕駛的351號U-2在重飛時機翼尖端碰觸到地面，導致飛機撞地起火，郄耀華不幸殉職。根據當時的約定，中情局並沒有義務為殉職的國府飛行員提供撫卹金，但後來還是基於關懷的精神給予家屬一些「財務上的補助」。由於國務院先前已經表達希望暫緩執行任務的態度，中情局就不急著遞補這架失事的U-2，H分遣隊一連好幾個月就只有一架U-2可用。

4月10日傍晚，中情局台北站長克萊恩在國防會議副秘書長蔣經國的陪同下，到士林官邸晉見蔣介石總統。克萊恩表示，甘迺迪政府已經同意恢復P2V進入大陸執行任務，下週即可開始執行。至於U-2的部分，克萊恩指出，雖然國務卿魯斯克曾建議開始執行任務，但甘迺迪考量U-2這種飛機的政治微妙性，以及寮國當前面臨的政治局勢，為了避免英國及共產國家可能的指責，所以決定先延遲幾個星期，再作進一步的裁決。克萊恩自己則是估計一個月後就有可能獲得核准。

過了一個星期，由中情局訓練古巴流亡人士組成的反抗軍在4月17日這一天登陸古巴豬玀灣（Bay of Pigs），展開推翻卡斯楚（Fidel Castro）的軍事行動。然而這次由甘迺迪總統批准執行的入侵行動卻在缺乏空中武力支援的情況下，三天後就草草結束，反抗軍有一百多人陣亡，其餘一千多人被俘。這次「豬玀灣事件」對上台不到三個月的甘迺迪來說是個大災難，中情局也成了眾矢之的，更種下了日後杜勒斯和畢斯爾離開中情局的種子。

5月9日，國府的P2V在暫停三個多月後，再度進入中國大陸執行任務，但是U-2任務卻未如克萊恩所想的順利獲得甘迺迪政府的批准。

　　到了6月底，之前國務院所提「三到四個月」的期限將屆，國務院又請中情局研究是否可以用U-2以外的飛機來執行TACKLE計畫的偵察任務。中情局跟國防部討論RF-101和RB-57D這兩種替代方案後，一致認為U-2是唯一的選擇，使用其他飛機不僅效果不如U-2，反而還提高了被擊落的風險。中情局也向國務院指出，其實不管美國用什麼飛機執行任務，只要被其他國家察覺，他們都可以隨意指控美國用的是U-2，所以用其他飛機取代U-2並沒有什麼實質意義。

　　克萊恩在7月初返回美國述職20天，期間他曾向甘迺迪的國家安全顧問彭岱（McGeorge Bundy）遊說，但依然無功而返。克萊恩在7月23日回到台北，隨即在第二天由蔣經國陪同晉見蔣介石。他坦白告訴蔣介石，此行「雖未能有任何重大成就，但相信已使華府一部分決策人物對中華民國之問題有進一步之瞭解。」

　　根據克萊恩這次在美國的觀察，「目下之白宮已較艾森豪時代在外交決策方面較為掌權，從前杜勒斯國務卿曾被授予極大之權力，相較之下，魯斯克國務卿之權力不如甚多，此點應為與美國往來之盟國注意。因一切問題不能全俟外交途徑解決，重要者應設法獲得甘迺迪總統個人之意見。」克萊恩也認為，「甘迺迪總統與彼之白宮集團人物，均為果敢及智慧之人士，不過大部分均缺乏政府之行政經驗，如能假以三四個月之時間，使彼等與國務院國防部取得協調，則必將成為一個堅強之集團也。」

外蒙古入聯案的干擾

事實上從1961年1月開始，特別小組[5]已經在許多次會議上討論TACKLE計畫執行任務的提案，每一次不是國務院從中作梗，就是因為政治上的事件而決定緩議。由於H分遣隊的U-2遲遲無法獲准進入中國大陸執行任務，中情局在8月份開始研究從外海對中共目標實施傾斜照相（oblique photography）的可行性。但是進一步分析後才發現，在選定的42個主要目標中，只有七個目標能以此種偵照方式拍到。

9月21日，TACKLE計畫第12次列入特別小組的議題，但再度基於政治考慮決定暫緩執行任務。這次遇到的政治事件對兩國來說非同小可：聯合國大會第16屆常會於9月19日開幕，本次大會將表決蒙古人民共和國（當時國府稱其為「外蒙古」）的入會案。

這次聯大常會開議的前半年，國府跟美國已經就外蒙入會案作過多次的談判，國府還曾派出副總統陳誠訪美。到了9月初，蔣介石總統基於「我國家尊嚴與民族自尊心」，仍然不同意外蒙古加入聯合國，決定動用中華民國在聯合國安全理事會的否決

5　特別小組（Special Group）是艾森豪總統執政後期成立的一個委員會，主要功能在審核中情局提案進行的秘密行動，又稱為5412特別小組。此時的特別小組由甘迺迪的軍事顧問泰勒（Maxwell D. Taylor）將軍擔任主席，成員包括：總統國家安全顧問彭岱、副國務次卿強森（U. Alexis Johnson）、副國防部長吉爾派翠克（Roswell L. Gilpatric）、中情局長杜勒斯、參謀聯席會議主席李尼茲（Lyman L. Lemnitzer）。

權，甚至不惜犧牲在聯合國的代表權。

另一方面，甘迺迪總統則作出讓步，如果中華民國不動用否決權，美國願意擱置對外蒙古外交承認的談判，並且在外蒙入會案中棄權。但美國還是希望國府放棄使用否決權，以免蘇聯藉此也否決非洲國家茅利塔尼亞加入聯合國，導致支持茅國入會的12個非洲法語國家聯手排除中華民國在聯合國的席位。

9月26日，安理會在討論茅利塔尼亞及外蒙古的申請入會案時，決定延到10月2日復會後再討論。

9月28日，中情局在特別小組的會議提議由H分遣隊的U-2對中國大陸南部進行偵察。代表國務院的副國務次卿強森發言反對，他表示國務院的立場一如往常，除非對中共的情報有極為迫切的需求，否則國務院反對執行這類任務，而國務院現在仍看不出來有如此急迫的情報需求。

中情局的提案再次遭到否決，但是特別小組同意由中情局G分遣隊的U-2執行一次北越偵照任務，並在任務中稍微越界到中國大陸，以取得中共在中越邊界附近機場的照相情報。中情局評估後，認為這種變通的方式只能拍到一些次要目標，而且目前並不急需北越的照相情報，所以最後謝絕了特別小組的「好意」。

安理會於10月2日復會後，又決定延期討論，以爭取更多時間讓國府改變決定。蔣介石後來向美國駐台大使莊萊德表示，唯有甘迺迪保證必要時美國在安理會動用否決權阻止中共入會，才有可能改變中華民國在外蒙入會上的決定。

甘迺迪的國家安全顧問彭岱決定繞過國務院，由素與蔣經國關係良好的克萊恩傳話，表示甘迺迪願意私下向蔣介石保證，為

阻止中共入會，美國將使用否決權，但此一保證為絕對機密，無法對外公開。

　　經過克萊恩的居中協調溝通，蔣介石終於決定對外蒙古入會問題「不作否決之準備」，並親自於國民黨中常會中說明，爭取黨務系統的支持。行政院隨即作成決定，在外蒙案上採取彈性政策。兼任行政院長陳誠在24日電告人在美國的外交部長沈昌煥轉知駐聯合國常任代表蔣廷黻，在安理會審議外蒙古案時，退席不參加投票。

　　10月25日，聯合國安理會表決蒙古人民共和國入會案時有九票贊成，中華民國代表離席未投票，美國棄權，申請案因此通過。外蒙古入聯案的爭議終於告一段落。

H分遣隊成立一週年

　　11月9日，蔣介石總統首次到桃園基地訪視氣象研究組，新竹基地的3831部隊和技術研究組分別派出最後一架P4Y-2和甫於8月接收的C-54G飛到桃園，跟第4中隊的RF-101A一起接受校閱。H分遣隊因此取消了當天排定的一次飛行訓練，由陳懷特別為總統作了一次15分鐘的U-2展示飛行。蔣介石也參觀了H分遣隊的各項設施，但是在進入U-2棚廠之前，他的隨行攝影官被H分遣隊安全人員擋駕，不得其門而入。當天所有進入棚廠的人員姓名全被美方記錄下來，送回中情局總部存查。

　　14日，慶祝H分遣隊成立一週年的餐會在桃園基地的招待所舉行，蔣經國、克萊恩和空軍情報署長衣復恩都應邀出席。餐會

的另一個目的是歡送即將任滿返美的「經理」（H分遣隊指揮官的通稱）波斯登（Denny Posten、化名為Danny Perling），他雖然擔任了一年的首任經理，卻無緣親見U-2執行作戰任務。新任的經理湯姆林森（Bob Tomlinson、化名為Bob Tildock）在第二天就走馬上任。

29日，中情局長杜勒斯下台。他在1954年底不太情願的接下U-2計畫，後來卻成為U-2的堅定支持者，並開啟了中情局在空中偵察領域的黃金年代，然而他也無法讓TACKLE計畫在他任內真正「起飛」。繼任局長是原子能委員會主席麥康（John A. McCone），原任副局長卡貝爾獲得留任。

H分遣隊在11月就已經排定在次月下旬進行隊上唯一一架U-2的100小時定期檢修，預計停飛兩星期。所以12月上旬所排的是每次只有兩小時的飛行訓練，讓每位飛行員在U-2停飛前可以充分熟飛。

聯合國大會從12月1日到15日辯論中國代表權的問題。15日投票的結果，有61票贊成、34票反對、7國棄權，任何改變中國代表權之提案為一「重要問題」（Important Question）[6]的決議通過，取代以往的緩議案，中華民國在聯合國的代表權問題暫時劃下句點。

H分遣隊的U-2在12月28日完成檢修，此時人員、飛機、政治氛圍看來都配合妥當，就看特別小組是否會在下次會議同意H分遣隊開始執行作戰任務。

---

[6] 聯合國憲章第18條第2項規定：「大會對於重要問題之決議應以到會及投票之會員國三分之二多數決定之。」

1962

直搗雙城子試驗場

中情局在1962年1月5日召開的特別小組會議上再度闖關，提出三次U-2偵察中國大陸任務的規劃案。這次特別小組終於批准TACKLE計畫展開行動，同意H分遣隊盡快執行第一次任務，再由特別小組於這次任務執行後針對第二次和第三次任務個別審核是否執行。美國總統甘迺迪隨後也批准特別小組的建議。

台北時間1月7日，中情局台北站長克萊恩將甘迺迪總統批准執行任務的消息告知國防會議副秘書長蔣經國，但是美方也附帶了三點聲明：「一、對中國大陸高空偵照，以秘密方式進行，對外不發表消息。二、如果在高空偵照時發生事故，認為有必要對外發表聲明時，其內容必須由中、美雙方同意。三、美方對大陸高空偵照所發生的事故，不負任何責任，而由中方負其責任。」。

國府明確向美方表示願意獨力承受萬一任務失敗的所有責任。1月12日，中情局U-2計畫總部決定在第二天執行編號GRC-100的快刀計畫首次中國大陸偵察任務[7]。

---

[7] GRC是Government of Republic of China的縮寫。

第一次任務的主要目標，是位於北緯41度、東經100度15分附近的雙城子飛彈測試場。美國是在前一年的9月透過監聽中共的通訊，得知這座測試場的位置。中情局為這次任務所做的敵情評估顯示，中共已有能力偵測和追蹤U-2，但唯一可能對U-2造成威脅的武器只有中共從蘇聯獲得的SA-2地對空飛彈，而當時中共只有在北京外圍和雙城子附近的一個訓練基地部署這種飛彈。任務規劃人員研判，只要飛行員按照規劃的路線和高度飛行，就不會有安全上的顧慮。當時中共的戰鬥機無法在65,000英呎以上的高度飛行，不可能攔截到U-2，高射砲更不可能對U-2造成任何威脅。

　　1月13日星期六上午，國府第35中隊飛行員陳懷駕駛352號U-2從桃園基地起飛，執行GRC-100偵察任務，機上裝載了B型相機和電子偵察系統。由於雙城子的位置幾乎已經是U-2航程的極限，這次任務的航線差不多是直線來往，沿途經過的區域多半有雲層籠罩，只有內蒙、甘肅一帶的天氣良好。飛行了三千多海浬，陳懷在8小時40分後平安返回桃園基地。

　　H分遣隊的第一次任務在偵照的執行上非常順利，飛機和系統都沒有發生問題，但後續的後勤支援卻配合不良。原本這次任務拍攝的底片和電子偵察系統記錄的磁帶在複製備份後，要立即送往日本和美國本土的相關單位做進一步處理與判讀分析。但是複製電子記錄的磁帶花了20小時才完成，加上GRC-100任務是在星期六執行，美軍的C-130無法配合，所以必須改搭民航機運送。兩項因素加在一起，最後底片和磁帶離開桃園基地時，已經過了兩天半。

圖7：U-2配備的B型相機。（USAF）

　　無論如何，GRC-100任務順利完成，化解了美方人員對第35
中隊飛行員執行能力的疑慮。U-2計畫總部也終於決定把郤耀華
摔掉的那一架U-2補足，遞補的358號U-2在1月底由美國飛行員
飛到桃園。

　　中情局的照相判讀人員對GRC-100任務的照片做了極為詳細
的分析，發現中共在雙城子設置的飛彈試驗場大約位於酒泉東北
方130英哩的位置，各項設施沿著額濟納河的兩岸分佈，南北綿
延約30英哩。主要的設施包括主營區、三座地對地飛彈試射區、
一座SA-2地對空飛彈試射區、雷達與通訊設施、發電廠、以及
其他相關設施。這座基地的營舍至少可供兩萬人居住，加上範圍

極為遼闊，顯示中共對於發展飛彈有強烈的野心。其對外交通主要是依賴「烏魯木齊─蘭州」鐵路的一條支線，以及一座位在西南方45英哩處的機場。

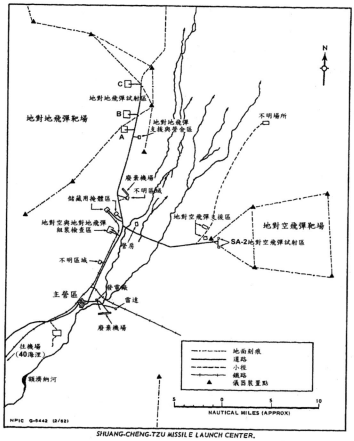

圖8：中情局根據GRC-100任務偵照成果繪製的雙城子飛彈試驗場平面配置圖。（CIA）

三座地對地飛彈試射區位於試驗場的北邊，中情局各給予A、B、C的代號。A區是最靠南側的一座，兩座大型發射坪已經構築完成，可以用來發射彈道飛彈；其中偏南的發射坪表面顏色已有變化，顯示曾經在此試射過。B區位於A區之北，其構造與A區極為類似，也是由兩座發射坪構成，但是尚未完工。最北方的一座是C區，當時只有一座仍在興建中的發射坪。美方沒有中共地對地飛彈的射程資料，不過這三座地對地飛彈試射區均朝向西方，距離蘇聯邊界大約有1800公里，所以飛彈的射程應該不會超過這個數字。

　　雙城子的SA-2地對空飛彈試射區位於試驗場的中部，由控制中心、營舍及兩個發射陣地所組成，目的是作為地對空飛彈的測試，而非實戰。其中一個陣地有六個發射坪掩體，另外一個陣地的設計相似，只是尚未構築掩體。這兩座陣地跟U-2過去在蘇聯拍攝到的SA-2飛彈陣地類似，應該是蘇聯尚未撤回援助時就已經協助設計或建造的。

　　除了雙城子試驗場，GRC-100任務另外拍攝到張掖、武威、西寧、福州等機場，在福州發現22架MiG-15與MiG-17，其他三座機場未有飛機進駐。

飛越大江南北

　　2月2日，H分遣隊正在為下一次任務作準備時，接獲總部通知停止待命，同時取消4日到12日間的所有偵察任務，而且可能

快刀計畫揭密

延續到19日。這次停飛的真正原因是甘迺迪總統的胞弟、同時也是司法部長的羅伯·甘迺迪（Robert F. Kennedy）要在這段期間訪問日本和印尼，中間並在台灣過境停留。羅伯·甘迺迪訪問印尼的任務之一，是營救中情局在1958年支援印尼革命軍行動中被俘虜的美籍飛行員波普。印尼政府一直拒絕將他視為戰俘，並於1960年4月判處死刑。甘迺迪總統在1961年4月蘇卡諾總統訪問華府時，曾經請求蘇卡諾基於兩國的友誼將其釋放，蘇卡諾口頭雖然同意，但卻一直沒有放人。羅伯·甘迺迪在這次訪問印尼的會談中向蘇卡諾施壓，終於讓蘇卡諾軟化，波普在當年6月獲釋。

這也是美方第一次基於政治因素，由U-2計畫總部下令H分遣隊暫時停止戰備，以避免U-2在任務中出差錯而造成美國在外交上的困擾。未來將會證明，像這樣因為政治考量而取消H分遣隊任務的情況會一再發生。

H分遣隊恢復戰備後，在2月21日執行了第二次偵察任務。不過這趟編號3066的任務是由美籍飛行員執行，目標是北越一帶，而且航線特別避開所有中共統治地區的上空。根據國府與美國訂定的協議，美方有權依照自身的需求，以H分遣隊的U-2執行美方特定的任務。當美方執行這類任務時，必須先將U-2機身上的國民黨徽和國府空軍機號塗掉，國府第35中隊無從得知也無法過問任務的內容。

過了兩天，輪到楊世駒執行他的第一次偵察任務（GRC-102），主要目標是位於蘭州的可疑核子設施。中情局的C分遣隊曾在1959年9月執行西藏偵察任務時三度飛越蘭州，不過當時這座工廠才動工不久，照片分析人員沒有立即發現這是核子相關設施。楊

世駒從汕頭附近進入大陸，經成都直飛蘭州上空，最遠到達青海的西寧，回程經過西安由福州北面出海返航。此次任務的另一個重要成果，是拍到陝西武功機場上有兩架蘇俄在決裂前提供的Tu-16轟炸機，這是美國第一次獲得中共擁有這型飛機的具體證據。

華錫鈞是第三位輪到任務的國府飛行員，他在3月13日執行GRC-104任務，偵察雲南地區的軍事設施，美方的目的是要監控中共軍隊是否有支援北越的跡象。華錫鈞從雷州半島進入中國大陸，經廣西到雲南蒙自、大理、昆明等城市上空，再經過廣西百色，從廣州附近出海返回桃園。

四位國府飛行員中，最後輪到王太佑在3月26日執行他個人首次任務（GRC-106），這次偵照任務的目標相當特別，幾乎把中國東南各省的機場都涵蓋在內。他先從舟山群島進入浙江，飛越上海之後，經過江蘇、安徽、河南、湖北、湖南、廣東，最後由廣州出海返航。由於目標區的天氣異常晴朗，沿途又沒有雲霧的影響，沖洗出來的相片非常清晰，總共發現了34座機場和794架飛機，而且還首度拍攝到專供Il-28轟炸機使用的來陽機場。

不過H分遣隊接下來的運氣就不太理想。4月初，H分遣隊發現U-2的燃料品質出了問題，因此停飛了三個星期解決。5月份開始，中國大陸的東南省分進入梅雨季節，美籍飛行員還曾在這段時間內到北越出任務，國府的飛行員卻只能望天興嘆。等到他們再出任務時已經是6月中旬，其間中斷了兩個多月。

6月16日上午，楊世駒坐進U-2的駕駛艙，成為這兩個月來第一個執行作戰任務的隊員，這趟GRC-112任務也是H分遣隊首度偵照中國大陸的東北地區。楊世駒從上海沿著海岸線一路北上，

經過江蘇、山東、河北，然後在東北三省繞了一圈後南返。

20日，由王太佑執行GRC-113任務，再度深入到雙城子試驗場偵照。除了原有的地對空飛彈試射區，中共在試驗場正中央又部署了一座作戰用的SA-2飛彈陣地，顯示中共決心要阻止國府的U-2再到此地窺探他們的最高機密。照相分析人員另外在試射地對地飛彈的A區西北方1500英呎處發現了一個大型坑洞，顯示中共前幾個月間曾經試射失敗過[8]。

H分遣隊開始執行偵察任務以來的五個多月，由國府飛行員駕駛的U-2幾乎飛遍中國大陸的大江南北，偵察中共的戰略設施。接下來，他們要挑戰另外一種類型的任務。

反攻大陸引發危機

陳懷順利完成GRC-100任務後，克萊恩在1月24日到士林官邸晉見蔣介石總統。蔣介石一開始就提到GRC-100任務，他說：「對大陸的高空偵照，能於上周達成任務，至表欣慰。」克萊恩表示這要歸功於中美雙方密切合作，「特別是貴國飛行員之貢獻至大，謹代表美國政府表示謝意。」克萊恩接著說，再過幾天就可以把偵照結果呈給蔣總統參考。接下來蔣介石話鋒一轉，提起「目前不知閣下是否認為我們中美雙方已經到了可以討論反攻大陸的適當時機」。

---

[8] 多年後，這個坑洞的謎底終於揭曉：1962年3月21日，中共在此試射東風2型飛彈，飛彈在發射後69秒失去平衡，墜地爆炸。

國府在前一年的4月已經秘密成立「國光計畫室」，負責擬定反攻大陸的作戰計畫，國府軍隊也積極展開作戰準備，並進行各項演習。此外，國府跟美國共同研擬了「野龍計畫」，準備以20人組成的小型突擊隊，空投到華南地區，作為激發大陸人民起義對抗共產政權的反攻作戰第一階段。後來因為外蒙古進入聯合國和中華民國在聯合國代表權這兩項問題，讓兩國政府忙得不可開交。如今外蒙和代表權的問題告一段落，蔣介石自然就在此時提起反攻大陸的議題。

　　蔣介石和蔣經國十分積極，在農曆新年後開始密集的跟克萊恩磋商，平均每隔一個星期，兩蔣其中一人就會找克萊恩會談。這時卻傳來克萊恩要異動的消息：中情局長麥康在3月寫信給蔣經國，告知克萊恩必須提前返回美國接任新職。麥康所謂的新職，其實就是中情局的情報處副局長（Deputy Director of Intelligence）。

　　在走馬上任之前，克萊恩於3月下旬奉召先回華府與美國政府高層討論應付國府反攻大陸的對策。在3月31日的一次會議中，甘迺迪決定採取拖延戰術，表示可以在美國準備好兩架C-123運輸機給國府，並且為國府訓練機員，讓克萊恩可以回來向蔣介石交代。但是甘迺迪另外也擬了七點聲明請克萊恩帶給國府，建議兩國共同先對大陸局勢作更深入的探討，並增加雙方對未來反攻規劃的討論，同時同意國府準備進行一次空降200人的突擊行動，美國將準備兩架C-123和提供機員的訓練。

　　克萊恩返回台北後，便向蔣介石說明美國的立場。4月14日，克萊恩在拍回白宮的密電中表示，蔣介石已經同意將原訂於6月份發動反攻作戰的日期，延後到10月1日。

克萊恩預定於4月20日卸下中情局台北站長的職務，搭機返美。但是他在這一天上午仍以海軍輔助通信中心主任身份與國府開會，雙方在會中決定成立合作反攻大陸的委員會，由國府的副參謀總長賴名湯擔任首席委員會。為了保密，以當天的日期作為代號，簡稱為「420委員會」。其工作任務為：一、對大陸空投大部隊之研究計畫與執行，二、於大陸空投成功之後，進一步為登陸實施之計畫與支援。克萊恩會後就離開台北，蔣經國親自到松山機場為這位老友送行。

因為國府只答應美國將發起反攻的日期延後，並沒有取消反攻大陸的計畫，所以依然積極準備。為了籌措軍費，國府的立法院在4月27日通過國防臨時特別捐徵收條例，自5月1日起從各項稅額、客運票價徵收20%至50%不等的金額。中情局5月10日從台北發出的一份密電指出，國府的軍隊已經有80%完成作戰的準備，而且如果一切進行順利，所有的部隊在三個月內就可以完成備戰。這份密電也指出，蔣介石已經下定決心，只要準備完成，而且有成功登陸的機會，國府就會發動行動，不管美國的態度如何。

連年飢荒的中國大陸，從4月下旬開始有大批飢餓的難民南下湧入現稱為深圳的寶安縣，數萬人由此偷渡進入香港，史稱「五月逃亡潮」。對蔣介石來說，中國大陸民不聊生的現況更增加了他反攻必勝的信心。但是面臨內憂外患的中共對國府的反攻準備也不是沒有反應，毛澤東在5月緊急召見人民解放軍總參謀長羅瑞卿，命令羅積極備戰。從6月上旬開始，中共調集了大批的兵力陸續向福建地區集結，「準備粉碎國民黨軍進犯東南沿海地區」。

美國國務院情報研究處認為中共的動作主要是為了防止國府反攻大陸所採取的防禦行為，但隨著兵力調動的數量增加，他們開始也認為中共可能藉此再製造一次台海危機，用以測試國府跟美國之間的關係。中情局則認為這次中共已經調動了七個師，另外可能還有五個師在途中，是韓戰以來規模最大的一次兵力調動，因此看來不只是藉著展示兵力來嚇阻國府的反攻而已。

　　6月20日，甘迺迪總統在白宮召開會議討論台海情勢，中情局長麥康先報告上述的觀察，並且結論說，以中共調動兵力的規模和急迫性來看，非常可能是要對金門發動突襲。

　　然而接著發言的國防部長麥納馬拉（Robert S. McNamara）卻強力反駁麥康的說法，認為情況沒那麼嚴重，而且還質疑中情局的情報蒐集能力。他建議再蒐集更多的情報，同時表示可以派遣兩架戰略空軍司令部的U-2到台灣支援，利用天氣好的時候，由國府的飛行員駕駛四架U-2同時出動，以求得最大的效果。

　　這次會議最後決定，第7艦隊原本預定要返回美國的第四艘航空母艦先取消返航，並派航艦前往台灣海峽，在台灣的RF-101和U-2全部出動偵察，美國空軍增派兩架U-2的提議則視後續發展再考慮。

　　克萊恩在海軍輔助通信中心的遺缺由納爾遜（William E. Nelson）接替，他在6月22日下午轉送蔣經國一封來自中情局的電報，內容提到「美方同意以U-2飛機作為偵照大陸沿海敵情之用，至於具體目標與詳細計畫，請就地商討之」。

　　負責收集和審查各項情報需求的美國情報委員會（U.S.

Intelligence Board）在23日特別開會討論偵察中共軍隊集結的事項。中情局則從愛德華空軍基地的G分遣隊調派一架U-2支援H分遣隊，這架U-2在26日飛抵台灣，桃園基地裡因此同時有三架U-2進駐！

　　此時戰略空軍司令部確定要部署兩架U-2到菲律賓的克拉克空軍基地，以支援H分遣隊的U-2。不過這項稱為TOP CAT的增援行動執行起來並不容易，首先要釐清的是空軍和中情局人員之間的責任和指揮體系，後來決定由中情局負責指揮和執行任務，美國空軍則擔任支援協助的角色。此外，美國空軍的U-2A跟中情局的U-2C性能不同，中情局的飛行員因此必須先接受美國空軍U-2A的轉換訓練。而因為偵察任務是由中情局執行，美國空軍U-2機身上的空軍標幟和空軍序號都必須塗掉，另外也要加裝中情局U-2才有的緊急自毀爆炸裝置。

　　在中情局和美國空軍忙著協調準備TOP CAT行動之際，陳懷首先在6月26日執行針對共軍集結的戰術偵照任務（GRC-115），這也是他的第二次U-2偵察任務，距離他上次出勤卻已經有五個多月了。

　　由於情勢仍不明朗，美國國防部希望能盡快得到對台灣海峽當面地區的偵照結果，並且能對重要目標定期監控，尤其是廈門、汕頭、福州附近更需要密集的偵察。美國情報委員會因此在27日建議對這片區域作密集的偵察，特別小組也予以核准。在7月11日之前，H分遣隊一連出動了四次戰術偵照任務，分別在6月29日、6月30日、7月6日、7月10日各執行一次，密集監視共軍在台灣海峽沿岸省分的動態。

TOP CAT行動在7月6日已經就緒，可以執行任務。但經過分析連日來偵察所獲得的照片，發現中共部隊所部署的位置要比早先的判斷更為分散，美方據此研判中共這一次的兵力調動基本上是防禦國府軍隊的入侵。由於H分遣隊已有足夠的能力同時應付當前台海狀況和北越地區的偵察需要，而美國高層也不想讓外界得知U-2增援到這個地區的事實，因此在11日通令中情局無限期延後TOP CAT的偵察任務，這也意味著此次台海危機暫時解除。

其實中情局在6月22日發給蔣經國的電報還提到「美方同意以RF-101飛機每日偵照大陸沿海情況；於必要時，每周可深入大陸偵照敵後補給情況一次[9]」。為了支援國府空軍的RF-101，美國空軍下令駐於日本三澤基地的第45戰術偵察中隊派出四架RF-101C和相關人員前往台灣支援。他們利用中途停留沖繩嘉手納空軍基地的時候，把這些RF-101C機身上的美國空軍標誌全部塗掉，改漆國民黨徽。美軍飛行員將這四架飛機飛到桃園基地後，就改由國府空軍的飛行員執行任務。當危機解除，這些RF-101C再漆回原來的美軍標誌，回到日本。

首度窺探北京城

台海情勢緩和下來後，美國情報委員會認為這個地區暫時不需要密集的偵察，只要每個月由U-2偵照一次，作週期性的監控即

快刀計畫揭密

---

[9]　海軍輔助通信中心轉送的電報裡寫的機型是F-101，不過這應該是RF-101之誤。

可，等到情報顯示有特殊需要再作調整。特別小組在7月30日批准H分遣隊在8月份執行一次海峽沿岸任務，但後來也沒有執行。

H分遣隊在8月間只有華錫鈞在11日出了一趟編號GRC-125的任務，偵察中國東北與北部。此次任務是楊世駒6月東北任務的延續，因為東北地區幅員遼闊，距離台灣又遠，無法一次涵蓋所有的目標。GRC-125的重點目標是瀋陽的飛機製造廠和北京的可疑地對空飛彈陣地，任務的危險性很高，當年王英欽的RB-57D就是在北京附近被擊落。

U-2計畫總部為這次任務規劃的路線是從舟山半島接近中共領空，接著沿著海岸線向北飛，在青島往北穿過山東半島後，飛越渤海灣到遼東半島的大連，之後向東北飛到白山市掉頭，經過瀋陽到天津，沿著北京外圍向西北飛到張家口，折返後向南經過濟南、徐州、蚌埠、南京、杭州，到寧波時沿海岸線南下到福州出海返航。

華錫鈞起飛後，一路按照既定航線偵照到北京，沒有遭遇地對空飛彈的攻擊就安然通過。但在張家口折返之後發電機發生故障，華錫鈞只有放棄後段的任務，直飛山東後沿著海岸線南行，在福州附近出海。照片沖洗出來後，在北京外圍的飛彈陣地並未發現有地對空飛彈進駐，這也就解釋了為什麼華錫鈞在偵照北京這個政經中心時沒有遭遇攻擊。

GRC-125任務的另一項重要發現，是位於北京城西南方長辛店附近的飛彈研發中心，相關設施分為靜態測試、推進燃料與冷流測試、發展與製造、行政與後勤等四個區域。中情局認為這個研發中心可以用於發展短程到中程的液體燃料彈道飛彈，並可能還具備生產的能力。

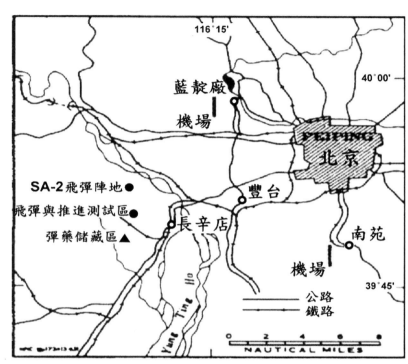

圖9：長辛店飛彈研發中心與北京城外的SA-2地對空飛彈陣地位置圖。（CIA）

勘查國府空降秘區

　　雖然甘迺迪政府反對中華民國政府發動反攻的軍事行動，卻也沒有斷然否決，而是採用拖延的手段，建議國府先對大陸沿岸空降小規模的突擊隊，試探大陸內部的反抗勢力並且蒐集情報，

確定有成功的機會再作進一步的行動。國府把空降地區訂在以香港為中心、半徑250英哩的扇形區域內，中情局也同意利用H分遣隊的U-2對這個區域偵照，讓國府研究適當的空降地點。

台北時間9月7日清晨，H分遣隊接獲待命通知，準備在8日上午6時到下午1時30分之間執行一次任務，偵察重點是國府指定的七個空降區。目前解密的文件中並沒有明指哪些地點就是國府研究中的空降地區，但在給飛行員的任務提示中，曾指示針對下列七個目標區進行區域性搜索：

一、廣東蕉嶺至平遠之間

二、廣東開平至恩平之間

三、湖南藍山至廣東連山之間

四、湖南桂東至江西崇義之間

五、廣東海豐至陸豐之間

六、廣東龍門至連平之間

七、廣東連平至江西信豐之間

其中前五個地區也列在6月25日美國空中偵察委員會備忘錄的目標清單上。由於其他在清單上的目標都有明確的分類，例如機場、港口、城市、鐵路等，只有這五個地區被標示為「特別地區」（Special Areas），所以極有可能就是國府秘密空降區。

因為要涵蓋這七個地區，這次任務的預定航線相當迂迴曲折：從廣東南部的甲子進入中共領空後先向西飛，經過廣州再轉向西南，通過恩平後迴轉向北飛到湖南來陽，由此轉向東南，飛到江西新城後又轉向西南，通過廣東翁源後迴轉一百八十度飛到江西信豐，接著轉向東南直飛廣東大埔，在此

轉向東北進入福建，在福建華安往北通過明溪直飛江西南昌，
之後迴轉向南，通過江西漳樹、福建連城後轉往東北，經南平
到福州出海返航。

　　負責此次GRC-126任務的是楊世駒，當他飛完大半的預定路
線時，所駕駛的378號U-2的交流發電機發生故障，桃園H分遣隊
的通信中心打破無線電靜默，以HF無線電告知「Bingo」，楊世
駒知道這是Abort的代號，所以也複誦「Bingo」，此時距離他起
飛的時間只有3小時38分。楊世駒放棄偵照南昌，將飛機轉向東
南，以直線航線返回桃園。

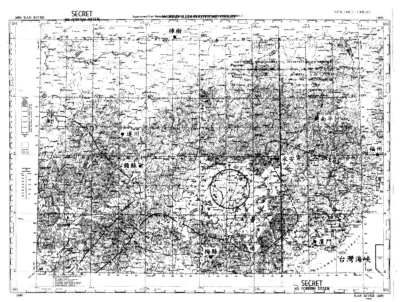

圖10：GRC-126的任務涵蓋圖顯示楊世駒在飛往南昌之前，就因為發電機故障
　　　放棄任務，以直線航線飛離中國大陸。（CIA）

中共首次擊落U-2

　　H分遣隊在GRC-126任務當天就把378號U-2故障的交流發電機換掉，準備在第二天繼續對楊世駒未能涵蓋的目標進行偵察。9日清晨，陳懷登上這架U-2，起飛執行GRC-127任務。他從福建進入江西，進行前一天未完成的任務。當他向北通過鄱陽湖之後開始迴轉向南，但是在南昌附近遭到解放軍空軍地空導彈兵的SA-2飛彈伏擊，378號U-2被擊落，陳懷傷重不治而殉職。

　　中情局無法得知陳懷和378號U-2發生什麼狀況，但中共新華社當天就宣布「一架蔣介石幫的美製U-2高空偵察機，在9月9日上午侵入中國東部領空後，被人民解放軍空軍擊落」，因此美方斷定陳懷已經凶多吉少。

　　這個事件發生後，美國參謀聯席會議通令美軍在全球的各司令部不得對此事件發表意見，所有的問題和聲明都由國務院統一處理。國務院對世界主要國家的美國大使館發佈關於這個事件的聲明指出，「1960年7月，洛克希德飛機公司與中國民國政府簽約，由洛克希德直接售予兩架U-2飛機，並獲得美國政府的出口許可」。其實這項聲明就是根據TACKLE計畫一開始就編好的「劇本」所擬的。

　　對於相關人員的訓練，國務院發言人的說法是「中華民國軍方人員曾經接受如何使用這些美國飛機和裝備的訓練，某些人員

曾在1960年到美國接受U-2飛行訓練，但是之後就沒有其他人接受此項訓練。」國務院對其他問題的制式答覆如下：

問：這次被擊落的U-2飛行員是否就是到美國接受飛行訓練的飛行員之一？

答：我們一無所悉，因為我們不知道飛行員是誰。

問：美國在中華民國的這項行動中扮演怎樣的角色？

答：這是中華民國政府自己的事務。

問：美國是否也得到中華民國所獲得的情報？

答：這是中華民國政府自己的事務。

問：美國政府何時核發出口執照？

答：1960年底。

甘迺迪總統在13日的一場記者會中被問到，除了中華民國之外，美國是否還曾核發U-2的出口執照給其他國家？如果有的話，美國對於這方面的政策是什麼？甘迺迪對第一個問題的答覆是「沒有」，他同時再重述1960年核發出口執照的事，並且說明美國沒有打算再繼續出售U-2或核發出口執照。

中共在9月15日透過駐波蘭大使王炳南聯繫美國駐波蘭大使館，要求在兩天後與美國大使卡伯特（John M. Cabot）進行緊急會議，但由於卡伯特有事暫時離開波蘭，所以雙方的會議延到20日舉行。美國國務院已經料想到中共是為了U-2事件而來，所以在會前就先對卡伯特指示了應答的方向。

20日的會議應該是美、中雙方開啟大使級會談[10]後的第113

10　美國與中共從1955年8月開始透過駐外大使在瑞士日內瓦舉行會談。自1958年9月起，會談地點改為波蘭華沙。

次，但中共後來要求這次緊急會議不列入會談次數的計算。王炳南開門見山就指控美國是9月9日U-2間諜行動的幕後黑手，相關偵察行動都是美國主導，所以美國必須負起全責。王炳南指出，這架U-2是中共擊落的第四架美國間諜飛機，美國是玩火自焚，他要求美國懸崖勒馬，並展開從台灣撤離美軍的談判。

卡伯特依據國務院的指示照本宣科，說國府是直接向洛克希德採購U-2的，國府要如何運用不干美國的事，不能因為這個事件牽涉到美製飛機就要美國負起責任。

王炳南直接表明國務院編的故事騙不了任何人，並指出日本防衛廳的高級官員曾經說過，美國從來不曾真正把U-2交由其他國家使用，都是掌握在美國軍方的手裡。王炳南同時明確指出，所有在中國大陸上的「犯罪行為」都是中情局台北站指使的，他還引用《紐約時報》在這次事件後的報導說，美國其實沒有打算停止U-2的活動，美國也沒有保證不用U-2飛越蘇聯以外的國家。

卡伯特只好拿出以前中共參加韓戰的老故事來回應，並舉出中美共同防禦條約，說明如果台灣受到威脅，它的友邦（指美國）自然可以採取預防的措施。卡伯特也質問王炳南，怎麼可以把一架無武裝的飛機說成是挑釁的行動？王炳南則回應，不管飛機是戰鬥機還是偵察機，只要侵入領空就是侵略的行為。

雙方在這次會談中大部分時間在各說各話，沒有交集。不過卡伯特還是向王炳南重申美方在6月23日華沙會談表達的立場，美國不會支持蔣介石反攻大陸的行動。

加裝飛彈警告系統

陳懷事件讓中情局的U-2計畫總部裡呈現一片低迷的氣氛。這次的狀況讓大家又想起兩年前的包爾斯事件，而諷刺的是，現在中情局竟然也跟1960年5月一樣，不知道究竟發生了什麼事，也無法掌握飛行員的命運。中情局裡少數知悉中共擁有俄製SA-2地對空飛彈的人，只知道中共把飛彈部署在北京地區和雙城子試驗場，但過去並沒有在江西發現任何飛彈陣地。

美國駐印度大使在9月12日曾回報國務院，蘇聯駐印度使館新聞官告訴印度報社，蘇聯沒有提供中共地對空飛彈，這架U-2是因發動機故障而降低飛行高度之後遭到砲火擊落。所以U-2計畫總部也把378號U-2的維修記錄調出來研究，看看是否有任何飛機可能故障的跡象。

H分遣隊的U-2則暫時停止執行任務，靜待總部的檢討結果和決定。

經過將近一個月的檢討，中情局的U-2計畫總部決定在H分遣隊的U-2上加裝正在趕工發展的電子防禦系統，另外再研究是否能跟國府空軍的戰管配合，在出現敵情的時候透過單邊帶無線電（SSB radio）通知飛行員召回U-2。

為了保密，中情局將這款防禦裝置稱為12號系統。它是一種被動式的防禦系統，當位於U-2機鼻內的系統接收天線偵測到SA-2飛彈系統FRUIT SET火控雷達（後來改稱為FAN SONG雷達）的訊號，裝在駕駛艙儀表板上的一個小型陰極射線管顯示器

就會出現從中心延伸的光條，並發出聲響警告。光條所指的方向就是雷達訊號的方向，而長度則代表飛機跟火控雷達的距離遠近。飛行員在看到顯示器的光條後，必須自己決定是否要採取迴避的動作，12號系統無法主動保護飛機的安全。

國府第35中隊的飛行員在11月19日解除停飛，開始訓練飛行。而12號系統在中情局和廠商連續趕工測試下，於11月底前運來台灣，裝在355號U-2上。12月6日，由華錫鈞執行的GRC-128北韓偵察任務是12號系統首次派上用場，也是H分遣隊頭一回進入北韓領空。H分遣隊並為這次任務制訂了單邊帶無線電的通訊程序，分成緊急和一般兩種呼號，緊急呼號只有任務機在遭遇危難或地面管制站認為緊急時使用，一般呼號則是任務機用來通知任務完成。

華錫鈞從北緯38度線附近的海面進入北韓西部，通過平壤正上方後，以順時針方向在北韓北部繞了一圈，然後採取跟去程航線平行的路線在南北韓交界海岸脫離。12號系統雖然曾經發出警示，但華錫鈞認為當時飛機正在飛離飛彈基地，所以沒有採取任何閃躲的動作。這次任務拍回來的照片是TACKLE計畫開展以來品質最好的一次，判讀後的結果顯示北韓已經取得MiG-21戰鬥機，也拍到了兩艘潛艦。

此後，H分遣隊又恢復了過去的步調。楊世駒和王太佑分別在12月21日和24日兩天執行了四川盆地的偵照任務，但同樣都在半途發生相機故障的狀況，沒有完成任務就先折返。中情局認為四川地區水力發電的資源豐沛，又有良好的工業建設，中共很可能在這裡設置了核子研發的設施，所以視此處為重點偵照目標。

1963

首度借道南韓

1963年1月20日，由楊世駒再度嘗試偵察四川盆地，這趟GRC-138任務終於順利飛到宜賓，但是照片沖洗出來卻不夠清晰，無法作細部分析。經過技術人員詳細檢查，發現是相機的真空閥故障所致。一連串的相機故障事件終於促使U-2計畫總部在1月28日指示H分遣隊停止執行作戰任務，以徹底解決相機問題的根源，直到2月中排除問題後才恢復戰備。

在這次停飛之前，特別小組已經核准H分遣隊在2月份執行四次任務，這是前一年台海緊張時才有的現象。四次任務的主要目標分別是四川盆地、中國南部、包頭、蘭州與雙城子，其中以四川盆地任務最優先執行。

為了爭取時效，中情局決定將包頭和蘭州的兩次任務合併在同一趟任務執行，但考慮到U-2的航程，所以規劃從南韓的群山基地出發。中情局過去透過國府空軍技術研究組以B-17執行特種任務時，就曾經使用過群山基地。這次中情局透過美國駐韓大使跟南韓當局協商，另外也派出H分遣隊人員前往實地勘查。

這段時間裡，H分遣隊每天舉行前述四個目標區的天氣預測簡報，無奈排在第一優先的四川盆地一直天氣不佳，反而是中國

大陸北部的預報顯示會在2月26日放晴。H分遣隊在25日接獲待命指示,中情局技術人員和國府的飛行員先搭乘C-130運輸機到群山,355號U-2則由美籍飛行員從桃園飛過去。然而在任務前一刻卻發現U-2的液壓系統漏油,於是任務延後24小時執行,U-2由美籍飛行員飛回桃園檢修,其他人員則留在群山待命。結果這架U-2一到桃園,電力系統全部停擺,總部只好取消這次任務,所有待命人員從群山撤回。

在技術人員的建議下,H分遣隊的U-2再度暫停執行作戰任務,準備換裝新的發電機,只有訓練任務照常。355號U-2在接受檢修和試飛後,於3月8日恢復戰備。不料才過了三天,發電機再度失效,任務又被叫停。23日,355號U-2終於恢復戰備,預定在第二天執行包頭與蘭州任務。然而一波三折,任務當天早上就因目標區天氣轉壞而取消。接著H分遣隊又接到指示待命執行26日的四川任務,當天也因為四川天氣變差再度取消。

等到發電機的問題排除和目標區的天氣配合,已是3月28日,四川盆地和大陸南部依然被雲層籠罩,只有大陸北部適合偵照。這次王太佑順利的從群山基地起飛執行GRC-144任務,從青島上空進入大陸直奔西北,經過包頭再到雙城子飛彈試驗場的北方迴轉掉頭。當他完成迴轉飛到鼎新附近,機上12號系統指示有地對空飛彈的雷達訊號,王太佑作了閃躲動作,因此未遭到飛彈攻擊。雖然他事後表示後段的航程因為天氣不佳而無法參考地標或作天文航行,機上的航跡照相機顯示他仍準確的通過蘭州上空,最後經過江西,從福建出海返航。

4月3日,蔣介石總統召見美國海軍輔助通信中心主任納爾

遜。納爾遜在提到王太佑3月28日的任務時說，這次偵照的結果顯示中共在雙城子以東400到500哩處建有飛彈試驗基地，另在蘭州附近原已停工之提煉鈾235的氣體擴散工廠，已有復工跡象，並發現該廠與附近某一巨型發電廠之間設有電纜溝通。

蔣介石於是詢問這座試驗基地使用的飛彈種類與射程，以及是否有發射過飛彈的跡象。納爾遜回答說已發現的飛彈屬於射程約1000至1100哩的中程飛彈，而依照過去的資料判斷，雙城子四座發射架中之一的水泥基礎呈現有燒焦痕跡，所以應該曾經發射過。

蔣介石接著問發射架附近是否發現存有飛彈，納爾遜答說，在中程飛彈發射架附近並沒有發現飛彈，但是在SA-2地對空飛彈的陣地則裝有飛彈。納爾遜還說這種地對空飛彈基地，在雙城子及北京附近都曾發現過。

蔣介石很關心這些飛彈是否表示中共已重獲蘇俄技術援助，但納爾遜認為這些資料只是空照判讀所得的初步分析，依目前匪俄關係和這些簡單的資料遽而判定中共已經重獲蘇俄的援助，似乎尚嫌過早。

中共核武發展狀況

連續失敗三次的四川盆地偵照任務，最後由華錫鈞在3月30日的GRC-146任務順利完成。但是在照片沖洗出來後，分析人員沒有發現任何跟核子武器發展有關的設施。這次任務是H分遣隊

的一個重要里程碑，因為到目前為止，H分遣隊的任務已經涵蓋了中國大陸上U-2航程可及的所有地區。只有新疆和西藏地區超出U-2的航程，無法利用現有的出發地點到達。

過去特別小組在審查每次任務的目標區時，是用比較籠統的語言來表達，例如「核准執行一次中國中部的任務」，並沒有清楚的界定中國中部的範圍。這種方式讓執行的單位多了一些彈性，不過也造成溝通上的障礙，嚴重時可能還會引起爭議，畢竟不是每個人都熟悉中國地理。為了解決這個問題，U-2計畫總部在1962年8月請空中偵察委員會（Committee on Overhead Requirements）研究是否要訂出一個劃分目標區的標準，讓大家可以遵循。

空中偵察委員會後來把中國大陸和幾個對美國具有情報價值的鄰近國家，劃分成以下九個目標區（參見圖11）：A. 中國西北（新疆）；B. 中國北部；C. 滿州（東北地區）；D. 朝鮮半島；E. 中印邊界（西藏）；F. 中國中部（含四川盆地）；G. 中國東部；H. 中國南部；J. 北越與寮國。

以情報分析的角度來看，每偵照一個目標區，就等於為這個地區的照相情報建立了一個比較的基準。中情局在規劃任務時，會根據各目標區的重要程度，訂定不同的偵察頻率，然後排定下個月份的偵照任務，提交給特別小組審查。執行完這些任務後，再將獲得的照相情報跟當時的情報基準作比較，如果有新的發展或發現時，就將基準的情報作更新。

1962年之前，美國掌握的中共先進武器發展情報極為零散而且有限，在判斷分析上無法非常精確。到了1963年中，透過分析

過去一年半來國府飛行員拍攝的照片，輔以部分美國CORONA人造衛星的照片，中情局對中共核子武器發展進度的了解程度大幅提昇。

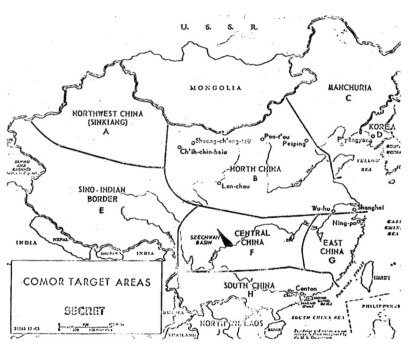

圖11：空中偵察委員會劃分的九大目標區，注意編號直接從H跳到J。（CIA）

利用U-2在蘭州地區拍攝的照片，中情局發現了一座氣體擴散工廠。1963年拍攝的這座工廠照片顯示，其大小已經可以容納1800座壓縮機，惟仍不足以生產武器等級的鈾235原料。中情局因此研判，中共可能還會再興建第二座氣體擴散廠房。照相情報也發現這座工廠的電力來自蘭州市的發電廠，位於黃河上游15英哩處水力發電廠的供電線路則仍在施工中。

　　中情局推斷這座已經開始試運轉的氣體擴散工廠仍無法生產高純度的鈾原料，但如果中共決定興建第二座廠房，中共在動工後三年就可以產出武器等級的鈾235。以當時起算，預計1966年中是最早的日期。

　　中情局從U-2在包頭拍攝的照片中發現另一座核子設施，並根據建築物的相對位置和外型結構，判斷它是一座生產鈽原料的設施。由於製造鈽239的技術較鈾235容易，中情局研判中共打算從天然鈾透過核子反應來取得鈽239。照片顯示一座反應器已經完成，附近還有可以用來建置第二座反應器的地基，但是沒有動工的跡象。

　　中情局判斷包頭的鈽原料工廠應該已開始運轉，而且可能在1962年初已經達到自行產生分裂鏈反應的臨界狀態，因此中共最早可能試爆鈽239裝置的日期是1964年初。不過中情局認為中共在生產鈽原料或是製造核子裝置的過程中一定會遭遇困難，所以他們認為1964年底或1965年初才是比較可能的試爆日期。

　　在中共完成彈道飛彈的發展之前，中情局認為中共可能會利用轟炸機作為核彈的投射載具。楊世駒GRC-102任務在武功機場發現的兩架Tu-16，是中共當時最先進的轟炸機。不過到1963年

中為止，偵照沒有再發現更多的Tu-16，顯示中共在仿製這種轟炸機的過程中可能遇到技術上的困難。

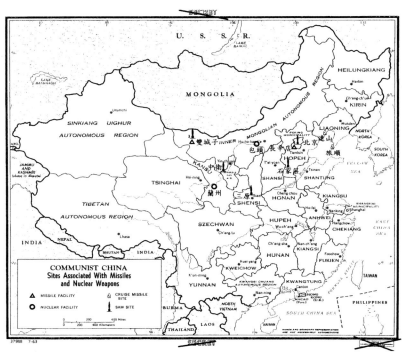

圖12：中情局在1963年繪製的中共先進武器設施位置圖。（CIA）

局部核子禁試條約

　　1963年5月9日上午，蔣經國在與納爾遜進行會談時，對於美方不遵守協定，未經國府同意就使用U-2偵照中國大陸一事，提出抗議。納爾遜表示歉意，並保證以後不再發生此類情事。H分遣隊前一次的中國大陸任務是在4月3日執行，因此蔣經國所指的應該是5月9日當天由王太佑執行，到北韓與中國東北上空偵照的GRC-150任務。至於發生這個狀況的前因後果，目前解密的檔案文件並沒有提及。

　　中情局固定會在每個月底向特別小組提出下個月要執行的偵察任務申請，逐次詳列使用的載具、執行期間、任務類型和目標。這些任務的載具不限於U-2，也包括CORONA人造衛星，目標和偵察的次數則是依照當時的情報需要而定。隨著美國對東亞地區的情報需求日益增長，中情局長麥康在5月28日的特別小組會議上建議改成每個月做整批式的任務申請與審核。

　　從此中情局每個月都為H分遣隊申請一批四次的中國偵察任務，外加一次北韓任務。如果沒有特殊狀況，特別小組通常會照准，中情局再於每次任務前提交當次任務的目的、任務數據（包括航程、時間、油量、高度）、敵情分析，由特別小組再作個案的審查。

　　納爾遜在5月28日向蔣介石報告，從U-2的空照判讀「在包頭地區發現匪之鍊鈽工廠及其附屬設施一座，此種設施與匪從事

核子研究之能力有關，頗堪注意」。對美國來說，一個「核子中國」不僅有軍事上的意義，政治層面的影響更為深遠。美國深怕亞洲國家會屈服於中共的核子武力之下，開始與中共建立更密切的關係，進而削弱了美國對這些國家的影響力。美國因此研擬不同的策略來阻止中共加入「核子俱樂部」，至少也要減低中共核子武力對國際政治的影響，其中一項策略就是核子禁試條約。

美國在艾森豪總統時代就已經開始研議終止核子試爆，不過當時的壓力是來自於全球對輻射塵危害人體的恐懼，以及反核團體的政治勢力。甘迺迪上台之後，美國人民對於核子武器擴散造成世界動盪不安的焦慮，讓他又多了一個推動國際性禁止核子試爆條約的理由。甘迺迪期望透過簽訂全面禁試條約，可以對那些急於加入核子俱樂部的國家形成國際輿論的壓力，讓他們知難而退。

美國、蘇聯、英國從1958年冬天起即停止核子試爆，並開始協商全面核子禁試的可能性。但是這個局面在1961年9月被蘇聯總理赫魯雪夫打破，當時由於柏林危機而讓美蘇關係又緊張起來，所以甘迺迪也在同一個月恢復核子試爆。1962年10月的古巴飛彈危機，讓美蘇核子大戰進入一觸即發的狀態。所以危機解除後，雙方又開始燃起走回談判桌的意願。

到了1963年6月底，美蘇的關係更為和緩，美、蘇、英三國都同意進行一次高層級的談判。於是甘迺迪派出前任駐蘇聯大使哈里曼擔任特使，於7月中旬前往莫斯科，代表美國與蘇聯、英國進行禁止核武測試的會談。

此時中情局已經把358號U-2送到桃園，遞補半年多前被中共擊落的378號，H分遣隊因此戰力大增。不過中情局長麥康為了避免在美、蘇、英談判期間橫生枝節，於7月19日指示H分遣隊的中國大陸偵察任務先暫停一週。中情局不想讓國府知悉內情，所以用天氣不佳的理由讓H分遣隊停飛。

美國這次會談的另一個目的，是要試探蘇聯是否願意跟美國聯手限制或阻擋中共發展核子武力，畢竟中共未來的核子武器不僅能瞄準美國，更容易指向蘇聯。美國希望透過蘇聯的壓力，讓中共乖乖簽訂禁試條約。不過赫魯雪夫並不買美國的帳，他認為「只要中共擁有核子武器，他們就會變得自制一些」。

儘管美國沒有說服蘇聯聯手對付中共，美、蘇、英三國還是在7月底就禁止核子試爆的內容達成了共識。美國國務卿魯斯克在8月初飛抵莫斯科，並於5日與蘇聯和英國的代表共同簽署了《局部核子禁試條約》（Limited Test Ban Treaty），禁止在外太空、大氣層和水下進行核子武器測試或任何核子試爆，地下核試則不在禁止之列。

配合魯斯克的行程，麥康在7月30日再度下令H分遣隊停飛，直到魯斯克返回美國。不過特別小組在31日決定讓中國南部的偵察任務不受停飛的限制，所以H分遣隊在8月5日就接獲執行一次中國南部任務的待命通知，後來因目標區天候不佳而取消。

納爾遜在8月22日的例行會談中，向蔣經國說明新任美國駐台北大使賴特（Jerauld Wright）對中共在最近的將來可能實施核子試爆表示關切。納爾遜也表示，由於中共及蘇俄分裂日益惡化與局部核子禁試條約之簽訂，可能會刺激中共加速進行核子試

爆，研判10月1日中共國慶是可能的日期，中共也可能會利用其他可達到心戰上最高效果的日期進行試爆。蔣經國則表示，中華民國政府已決定立即參加局部核子禁試條約之簽署。第二天，駐美大使蔣廷黻代表國府簽署了這項條約。

密謀破壞中共核武設施

蔣經國在4月初曾向納爾遜提到，前一次到美國受訓的軍官只有李南屏和葉常棣兩人，鑒於U-2飛行員訓練不易，並為儲備任務接替人員起見，可否加派兩人前往受訓？納爾遜表示可以報告上級考慮。李、葉兩人完訓返國後，國府空軍派出王錫爵與梁德培前往美國接受U-2訓練。這時負責訓練U-2飛行員的第4080戰略偵察聯隊已經從拉弗林基地遷到亞利桑那州的大衛斯─蒙森（Davis-Monthan）空軍基地，王、梁二人就成為第一批在這裡接受U-2訓練的國府飛行員。

H分遣隊在魯斯克簽完局部禁試條約返回美國後，先由美籍飛行員出動了一次北越任務，接下來就接到待命指示在8月16日執行一次雙城子任務，這次任務不久就因目標區天氣變差而取消。

8月22日清晨，H分遣隊再度接獲待命通知，準備於23日由韓國群山基地執行中國大陸東北地區偵照任務。所有相關人員在22日晚間搭乘美軍C-130運輸機抵達群山，U-2任務機則是次日凌晨才到達。經過一夜的休息，李南屏在23日9時30分駕駛358號

U-2起飛，執行他生平第一次U-2偵照作戰任務（GRC-169）。按
照中情局在陳懷被擊落後制訂的無線電通信程序，這次任務的緊
急呼號是TOM CAT，一般呼號則是TEA CUP。

　　李南屏飛越黃海，在煙台登陸後轉向東北，從大連進入遼東
半島，經瀋陽到長春，之後轉往西北，通過興安盟、大慶、齊齊
哈爾，在內蒙古的呼倫貝爾迴轉往東，在到達中蘇邊境前轉往南

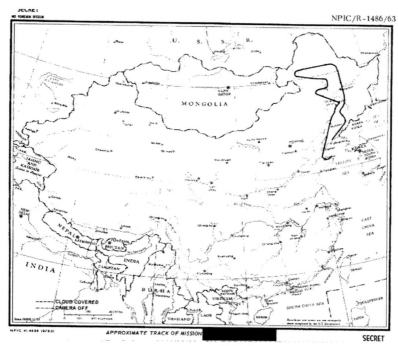

圖13：由李南屏執行的GRC-169任務航跡圖。（CIA）

飛，經過哈爾濱、吉林、白山，在丹東西邊出海返回群山基地。
事後分析機上6號系統和12號系統，發現曾兩度接收到地對空飛
彈系統FAN SONG雷達的訊號。

8月30日，輪到葉常棣執行他的第一次任務（GRC-171），目
標區是中國大陸南部。他從汕頭附近進入大陸後一路往西飛，之
後往南轉向雷州半島，在海南島海口迴轉向西北，通過南寧後沿
著中越邊界飛行，於北越老街附近轉向北飛，到達昆明後轉向東
行，經過柳州、永安、漳平，從廈門出海返航。這次任務的主要
目的是監視中共軍隊是否跨越邊界增援北越，所以分析人員在判
讀上特別注意鐵路、公路的交通，以及這地區的軍營的動態。

9月3日，為紀念陳懷而興建的的台北空軍子弟小學懷生堂與
陳懷銅像舉行揭幕儀式，由空軍總司令徐煥昇上將主持，蔣經國
親自為銅像揭幕。國府方面曾在3月中與H分遣隊的美方人員提
到這項興建計畫，並且非正式的希望美方能捐助2500美元。H分
遣隊向美國總部提報，總部馬上就核准了相同數額的捐款。

三天後，蔣經國由行政院新聞局長沈劍虹和國家安全局副局
長黃德美陪同赴美訪問。表面上這次訪美之行是應美國國務院之
邀，實際上是中情局長麥康在7月2日的邀約，所以中情局台北站
長納爾遜也陪同前往。

蔣經國出發之前，跟納爾遜在8月30日進行會談，國安局的
陳大慶局長與黃德美副局長也列席。陳大慶在會中表示，目前國
府對中共核武發展計畫所擬採取之行動均屬守勢，因此建議美方
可採取一些攻勢行動，例如由美國暗示在必要時將採取報復行
動。稍後陳大慶再度提出意見，對於「遲滯或妨害共匪核子計畫

之發展，宜對特定的核子設施目標採取破壞及其他積極行動」，因此建議蔣經國訪美時將此問題提與美方商討。以上是國府方面對此次會談記錄的要點，美方的會議記錄顯示陳大慶還要求美方提供象徵性的核子武器給國府，用來對抗中共的威脅。

國府提供飛行員冒著生命危險駕駛U-2飛進中國大陸偵察中共發展核子武器和飛彈的狀況，目的應該不只是獲得發展進度的情報而已，畢竟國府並沒有能力對付這些先進武器，所以國府期望美國對中共的核子設施採取攻勢行動是可以理解的。一旦中共擁有核子武器，蔣介石想要反攻大陸就難上加難了。

蔣經國抵達華府後，在9月10日與國家安全顧問彭岱的會談中，提到國府已經偵察到中共飛彈與核子設施的位置，希望能與美國一同想辦法消滅這些設施，國府願意承擔所有政治責任，美國只要在運輸與技術上提供協助，至於執行的細節會交由其他層級的人員作討論。彭岱表示，美國對於是否能夠延遲或防止中共發展核武相當有興趣，但美國比較偏向先對這個問題作審慎的研究探討。

甘迺迪的幕僚在會談前已經建議總統，暫時不要對蔣經國破壞中共核武的建議表態。甘迺迪在11日的會談中，問蔣經國是否可能用空運把300到500人送到包頭一帶的中共核子設施，被擊落的機率是否不大。蔣經國表示前一天已經與彭岱提到此事，這項行動應該可行。後續談話中，雙方沒有再就攻擊中共核子設施的事深入討論。

蔣經國這次訪美的主要目的，還是想說服美國支持國府反攻大陸的行動。他向美國政府高層表示，國府已經擬定分三個階段進行，每個階段為期六個月。初期先以小規模的突擊隊從海上與空降

進入大陸騷擾,再逐步升高規模與強度。但是甘迺迪和彭岱都以豬玀灣事件失敗的教訓告誡蔣經國,國府認為大陸人民會因此揭竿起義、共軍也裡應外合的想法,在他們看來是一廂情願、沒有足夠的證據可以相信。所以美方要國府再蒐集更深入的情報,多了解大陸境內的真實狀況和中共的實力,等於是間接拒絕了蔣經國。

H分遣隊在蔣經國訪美期間沒有執行任何對中國大陸的偵察任務。中情局在對這段期間的U-2任務檔案作解密時,把整段相關文字都塗消,所以中情局極有可能是因為蔣經國訪美之行而下令H分遣隊暫停任務。

葉常棣失事被俘

蔣經國回到台灣後,由李南屏在9月25日執行GRC-176任務,目標是雙城子飛彈試驗場,這也是他頭一回前往此處偵照。李南屏於上午8時駕駛358號U-2從桃園起飛,以直線航線向目標區飛去。10時30分左右,李南屏到達西安東南方時,12號系統警報聲響起,光條指向飛機右前方,於是他開始左轉迴避,等到所有警告都消失,再迴轉到原訂的航向。六分鐘後,12號系統再度發出警報,這次光條指向左前方,所以李南屏以右轉迴避,到光條指向飛機正後方時再修正為平行的航向。後段的任務就沒有狀況發生,李南屏在下午4時15分返回桃園。

照相分析人員發現雙城子試驗場的地對地飛彈試射區有大量的車輛與帳棚,A區的三種飛彈裝備從原來A-1發射坪的位置搬

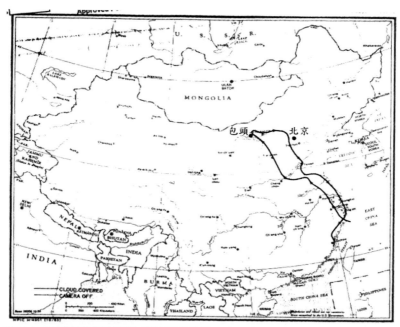

圖14：由葉常棣執行的GRC-178任務航跡圖。（CIA）

到了A-2發射坪，在地對空飛彈試射區也發現有不明裝備進駐。主營區裡則至少增加了22座新的建築，基地火車站裡則有130節車廂。這一切都代表中共在這裡正緊鑼密鼓的進行飛彈的發展工作。不過試驗場正中心作為防禦用的SA-2陣地此時卻空空如也，顯示中共已將其部署至他處。

分析人員還在GRC-176任務的照片中，發現中共在陝西的鳳翔、戶縣、咸陽等地和蘭州東南方兩處地點興建了地對空飛彈

陣地，這些陣地大部分是利用機場旁的空地修築。其中咸陽機場的陣地已經有飛彈部署，顯然就是讓李南屏機上12號系統發出警報的陣地。

由葉常棣在9月26日執行的GRC-178任務，是H分遣隊第二度偵照北京地區。葉常棣先直飛包頭偵察當地的核子原料工廠，之後掉轉機頭往東飛，沿著北京的西南外圍通過，穿過山東後，順著江蘇、浙江沿海偵照，在福州附近出海返航。這次任務在太原北方發現一座爆炸物與彈藥製造廠，北京長辛店的飛彈火箭測試中心則無太大的變化，另外在北京城外拍到四座地對空飛彈陣地，德縣故城機場上也發現一座。

H分遣隊在10月6日、8日各完成一次東北地區的任務。蔣介石在15日召見李南屏和葉常棣這兩位新血，並合影留念。31日，中情局U-2總部急電H分遣隊，要求立刻準備執行一次雙城子偵察任務，由於需求急迫、時間有限，總部指示H分遣隊先按照GRC-176任務的規劃做準備。

11月1日上午7時，葉常棣駕駛355號U-2起飛，執行這次編號GRC-184的緊急任務。葉常棣順利完成雙城子試驗場的偵照，返航途中經過江西上饒時，被中共的SA-2飛彈擊落。葉常棣雖然跳傘生還，當時中情局上下卻都認為他已經殉職。在中國大陸上空失去第二架U-2後，中情局總部立即指示H分遣隊停飛。

11月13日，中共駐波蘭大使王炳南與美國駐波蘭大使卡伯特進行第117次華沙會談。王炳南一開始就針對葉常棣的事件向美國提出抗議，因為這已經是中共第二次掌握美國對大陸挑釁

的證據。他還提到之前美國合眾國際社對U-2在台灣墜毀所作的報導[11]，以及路透社在1962年12月19日有關替換在大陸被擊落的U-2的新聞[12]，來證明美國政府只出售過兩架U-2給國府的說詞根本就是牛頭不對馬嘴。王炳南也指出，U-2事實上都由美國負責後勤維修，飛機的控制權完全是在美國的手上。

卡伯特則是按照國務院事先做好的指示回答，針對王炳南指控美國已經提供不只一架U-2給國府，他表示無法對美國與國府之間的協防約定作評論。王炳南後來再提到U-2，不過卡伯特還是回答國府使用U-2的事與美國無關，雙方依然沒有對這件事形成交集。

特別小組在11月14日做成決定，解除H分遣隊停飛的禁令，並同意盡快提供替代的U-2。H分遣隊接獲指示後即恢復訓練飛行，同時檢查裝備，準備隨時執行作戰任務。

11月22日，H分遣隊接到U-2總部發出的電報，內文只有四個字：「The President is dead.」，甘迺迪總統在達拉斯被槍手暗殺致死。中情局U-2總部通令派駐在外的分遣隊進入12小時待命狀態，必須在接到任務命令的12小時內出發，同時停止休假。這個緊急狀態在12月初宣告解除。

甘迺迪死後，由副總統詹森（Lyndon B. Johnson）宣誓接任。詹森與中情局長麥康在30日開會討論到TACKLE計畫，詹森同意特別小組在14日所作的決定。中情局循往例在月底向特別小組申請在下個月執行一批總共四次中國大陸任務，特別小組在12

---

[11] 指1961年3月19日郗耀華在桃園失事的事件。
[12] 指1962年9月9日陳懷被擊落的事件。

月4日開會審查時，由於沒有人提到詹森在上個月30日的決定，國務院和國防部的代表都要求緩議，等到中情局針對這次事件提出應變計畫後再做決定。

　　H分遣隊僅存的358號U-2在這段時間內正好進行定期檢修，原本預定12月8日檢修完畢的日期卻一延再延，直到23日才確定可以擔任戰備。27日，中情局的美籍飛行員駕駛356號U-2從愛德華空軍基地出發飛往桃園，再度把H分遣隊的U-2補到兩架。H分遣隊的美籍飛行員在29、30日各執行一次中南半島偵察任務後，1963年就結束了。

1964

新裝備、新編號、新長官

　　美國國務院在1964年1月9日解除禁令，准許H分遣隊恢復中國大陸偵察任務。不料中情局隨即在1月15日下令旗下各分遣隊的U-2全部停飛檢修一個月，以徹底解決燃料控制的問題。

　　1月17日，在與納爾遜的例行性會談中，蔣經國主動提到：「過去關於U-2機兩架，曾經故甘迺迪總統承認其為美國售予中華民國者。現在既然繼續使用U-2飛機進行高空偵察，為應付將來外間之質詢，仍應預為準備必要之證件及一致之說法。此事對中美兩國利益具有重大關係，希望妥為辦理。」納爾遜回答，美國已經同意由洛克希德公司辦理出售文件和輸出證明，不久就會寄到台北，由國府方面保管，外界如果有疑問，國務院也會按照上次的說法予以答覆。

　　蔣經國也希望美國能加強新竹、桃園兩個特種單位（分指第34與第35中隊）和電訊情報單位的能力，在裝備與技術上多予協助。納爾遜表示，美方已經在P2V-7U上加裝新的電子裝備，今年更擬以性能更佳之P-3A機交予國府使用，此外，美方正研究為U-2設計更有效的裝備，以增進航行的安全。

　　納爾遜所提到的U-2裝備稱為BIRDWATCHER，是中情局經

歷包爾斯、陳懷兩次事件後亡羊補牢的措施，只是還來不及裝在葉常棣的飛機上。這套系統跟現代民航機的「黑盒子」飛航記錄器有異曲同工之妙，它會自動監視飛機的重要飛航數據（例如高度、速度、發動機轉速）、電子防禦系統、彈射椅等的參數，在發生狀況時，透過機上的高頻單邊帶無線電，把這些參數傳回位於桃園基地的H分遣隊通訊站。

　　從2月份開始，中情局改用新的U-2任務編號規則，所有分遣隊統一使用相同的格式。作戰任務的編號由五個字元組成，編號的第一個字元是代表任務目標區的英文字母，其對應的規則如下：

C：中國大陸與北韓

T：中印邊界與西藏

S：東南亞

M：中東

L：拉丁美洲

W：南太平洋

　　第二與第三個字元都是阿拉伯數字，介於01與99之間，代表當年任務的流水號，逐次遞增。第四個字元也是阿拉伯數字，取自任務日期西元紀年的最後一位數字。最後一個字元是代表執行單位的英文字母，A是中情局G分遣隊，C是H分遣隊的國府飛行員，E是H分遣隊的美籍飛行員。

　　例如C014C代表1964年由國府飛行員執行的第一次中國大陸偵察任務，下一次的同類型任務則是C024C。如果某次任務因故取消，該編號即作廢不再使用。

原則上，中情局安排中國大陸和北韓任務由國府空軍第35中隊執行，東南亞任務則由G或H分遣隊的美籍飛行員負責。西藏雖然被中共視為領土的一部份，中情局卻從來不讓國府飛行員執行這個地區的偵察任務，一律由美籍飛行員負責，由此似乎也透露出美國政府對西藏主權的態度。

　　1964年初的另一個改變，是蔣經國在2月21日通知納爾遜，桃園基地第35中隊與新竹基地第34中隊的管理，改由空軍總司令徐煥昇上將指定的人員負責，原先負責的衣復恩中將已經奉調為國防部計畫次長室執行官。徐煥昇在24日告知納爾遜，原本衣復恩所負責的部分由參謀長楊紹濂中將接替，並派情報署副署長黃惟敬少將為其助理。

李南屏獨撐大局

　　U-2的燃料控制問題在2月中就已解決，之後卻一直遇到目標區天氣不佳的狀況，所以遲遲無法執行中國大陸偵察任務，此時H分遣隊還面臨飛行員嚴重短缺的問題。

　　楊世駒、王太佑、華錫鈞這三位第一批受訓的飛行員都已經停止任務或陸續離隊。在大衛斯—蒙森基地受訓的首批學員王錫爵和梁德培剛剛返回台灣，仍在進行U-2C的轉換與熟飛訓練。空軍總部在年初選出的張立義和楊惠嘉，才剛到美國受訓。因此隊上可以出任務的國府飛行員就只有李南屏一個人，其壓力之大可想而知。

U-2計畫總部因此在3月分特別規劃了一次偵察大陸東南沿海的C024C任務，在航線規劃上特意不深入大陸內部，而且目標區也選擇中共防禦比較不嚴密的地區，目的就是為了建立李南屏的信心。

　　3月16日上午，李南屏起飛執行C024C任務。他先偵照完海南島，然後沿著雷州半島東側北上進入廣西，過貴港後轉向東飛，經廣州、惠州，在汕尾北面向北進入江西，在贛縣東面轉向福建連城，之後迂迴轉向西北飛行，在到達南昌之前即轉向東，以避開這個可能有飛彈部署的地方，到達浙江後轉西南沿海岸飛行，至福州附近出海返航，完成BIRDWATCHER系統首次作戰任務。

　　李南屏這次任務是自從葉常棣前一年11月1日失事以來的第一次中國大陸任務，如果從上次成功完成任務的10月8日起算，間隔已將近半年！這時候北越的情勢越來越緊張，中南半島隨時有開戰的可能，中情局必須盡快獲得中國南部與北越相鄰省分的照相情報。

　　然而仍在訓練階段的梁德培卻於3月23日的台灣海峽訓練任務中失事墜海。梁德培雖然已經從356號U-2彈射跳傘，降落傘也有開啟的跡象，仍然不幸溺斃。根據BIRDWATCHER的記錄，梁德培可能是飛機超速[13]而失控墜海。他是繼郄耀華之後，第二位未能執行作戰任務就已殉職的第35中隊飛行員。

　　中情局在4月中以359號U-2遞補失事的356號機，無奈H分遣隊的U-2似乎又水土不服，經常在空中發生發動機熄火的狀況。

---

[13]　超過飛行的最大速限會讓飛機產生抖振（buffet），甚至導致飛機解體。

其中一個原因是台灣附近的對流層頂相對較其他地區低，氣溫在對流層是隨高度上升而下降，但是在對流層頂之上的平流層，氣溫卻是隨高度而上升。U-2在不久之前才安裝的燃料控制器顯然無法適應台灣附近上空劇烈變化的氣溫，所以才頻頻出現熄火的毛病。發動機熄火後，飛機必須降低高度才能再發動，如果在作戰任務中發生，就有可能被虎視眈眈的中共戰鬥機攻擊。

李南屏在4月22日執行C084C任務時，即因為熄火而被迫中止任務返航。為了解決這棘手的問題，中情局在6月從美國調派348號U-2到台灣協助測試，桃園基地同時有三架U-2的「盛況」再度出現。

蔣經國在梁德培失事後，曾向美方表達對第35中隊執行U-2任務的三點意見：一、中華民國同意以華南地區為優先；二、執行任務之飛機應從台灣的基地起飛；三、任務計畫之擬定，應以確保安全為首要考慮因素。不過中情局以中南半島的情報需求為優先考量，希望在發動機熄火的問題徹底解決以前，暫時先從菲律賓的庫比角基地起飛，避開台灣附近的空層。

6月17日，納爾遜在定期會談中交給蔣經國一份中情局副局長卡德（Marshall S. Carter）拍來的電報，內容是：「一、對雙方合作使用U-2機於大陸執行偵照任務極為關切，對356號機失事後所採措施，均以達成蔣副秘書長三點意見為主。二、下列意見請參考：（1）自台起飛之U-2機在高空停車現象發生次數，約多於其他地區起飛之同型機十倍；（2）自台執行偵照任務，仍將優先考慮，惟先決條件需首予消除危害駕駛員及飛機安全之因素；（3）在目前狀況下，如能暫自菲島執行任務，乃為達成蔣

副秘書長三點意見之最佳途徑。」

　　蔣經國看過電報後，同意讓執行華南偵察任務的駕駛員與支援小組暫時移駐菲律賓，但強調這是應急的措施以及確保飛行安全的權宜之計。

　　中情局在獲得蔣經國同意之前，已經先從美國的G分遣隊調派362號U-2到庫比角海軍基地。H分遣隊在6月22日接獲待命通知，準備在24日從庫比角執行任務，但因為目標區的天氣預報不佳，一連延後了兩次，最後在26日才順利執行C114C任務。李南屏從海南島進入中共空域後，分別在雷州半島、廣西與北越邊界偵察，再穿越海南島返回庫比角，成功完成第35中隊從庫比角出發的首次任務。7月2日，李南屏再度從庫比角出發，完成了偵察中國南部地區的C134C任務。

雙機任務以悲劇收場

　　7月5日，中情局U-2計畫總部通知H分遣隊準備在7日以兩架U-2同時執行任務，從桃園基地出發的C174C任務以中國大陸東部為目標，從庫比角出發的C184C任務則以大陸南部為目標區，兩項任務都是台北時間7日上午8時起飛，但C184C的任務時間比C174C多了一個小時。國府空軍第4中隊也排定在7日的午前由陸存仁駕駛RF-101進入中國大陸偵察。

　　C174C是王錫爵的第一次U-2作戰任務，他從上海進入大陸，在南京作了一個大轉彎，再直飛到寧波出海。然後又一個大

轉彎，從台州進入內陸，經過金華、衢州，在鷹潭附近作了第三個大轉彎，從福州南面出海，在下午1時降落桃園。王錫爵此次任務最重要的照相成果，是在蕪湖機場發現了九架MiG-21戰鬥機，這是首次獲得中共擁有這種新型戰鬥機的具體證據。另外，在大樹島與上海的海軍基地裡，也分別拍到三艘與六艘潛艦。

李南屏駕駛的362號U-2則是從廣東陽江進入大陸，之後在廣東和江西上空作了三個大轉彎，從汕頭出海。隨後又一個大迴轉，從東山再度進入大陸，在福建上空又轉了個大彎，準備從廈

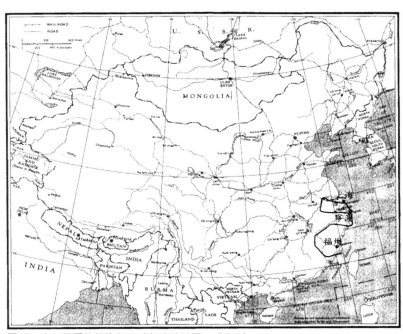

圖15：由王錫爵執行的C174C任務航跡圖。（CIA）

門出海。然而在台北時間中午12時37分，桃園的H分遣隊收到單邊帶無線電通話：「這是Terry……（中斷11秒）……我的12號系統亮起……」之後就再也沒有李南屏（英文名字是Terry）的消息。

在確定李南屏已經失事後，國府空軍出動飛機在空中搜索U-2的下落。美國方面則在午夜過後監聽到中共廣播說，英勇的解放軍空軍某單位在中午於中國東部某處擊落了美國的U-2高空偵察機，因此確定李南屏已被擊落。中情局判斷他是在漳州與廈門之間失事，由於過去從來沒有在這附近發現SA-2飛彈的陣地，美國的U-2總部馬上詢問台灣方面可否安排RF-101到龍溪機場附近偵察，以確認當地是不是有SA-2進駐。另一方面也指示照相判讀人員把龍溪附近的空照圖再作分析，尋找可疑的飛彈陣地。

中情局在8日晚間請台北的美國第13航空特遣隊盡快安排兩次RF-101偵察任務，第13航空特遣隊則向美軍太平洋司令部和參謀首長聯席會議請示。太平洋司令部司令夏普（U. S. Grant Sharp, Jr.）上將先是以風險太高的理由反對，但在中情局、太平洋司令部、參謀首長聯席會議三方一番往來之後，太平洋司令部在9日中午指示美軍台灣防衛司令部規劃由國府空軍RF-101執行低空高速偵察任務。第4中隊的RF-101後來執行了兩趟任務，但百分之八十的目標區都被雲層遮掩，所以沒有什麼重大發現。

透過分析BIRDWATCHER系統傳回來的資料，中情局發現李南屏在以語音通話之前，曾經作45度的迴轉動作，應該是在迴避地對空飛彈。地面雷達則顯示，李南屏的飛機在通話中斷後，

還持續飛行了五到七分鐘。中情局因此判斷,中共的飛彈沒有直接命中這架U-2,但是飛彈爆炸損壞了飛機,也可能讓李南屏負傷,最後飛機失控墜毀。

蔣經國態度轉趨消極

李南屏被擊落後,美國總統詹森隨即下令H分遣隊停飛。蔣介石則在7月28日召見王錫爵與張立義,給他們勉勵。而蔣經國在不到一年內連續失去了三位U-2飛行員之後,似乎讓他對這項偵察合作計畫的態度有了改變。中情局的解密檔案顯示,國府對詹森這次的停飛命令反而表示歡迎,並且希望等一段時間過後再恢復中國大陸的任務。

解密文件也指出,第35中隊唯一能擔任戰備的飛行員因為精神壓力太大而暫時無法執行任務,雖然之前赴美受訓的張立義在李南屏失事前返台[14],但仍未能擔任戰備,所以隊上有資格執行作戰任務的飛行員就只有王錫爵一人。

國府空軍已在這一年春天選派王政文到美國受訓,但最快也要8月中以後才能返台。為了補足飛行員,5月中又派了吳載熙和盛士禮前往美國。8月14日,盛士禮駕駛美國空軍395號U-2在愛達荷州上空進行訓練時,因飛機失控而跳傘逃生。他獲准繼續接受訓練,可是在12月18日的訓練任務中,又從美國空軍

---

[14] 跟張立義一起赴美受訓的楊惠嘉因故未能完訓。

的379號U-2彈射跳傘，一連摔掉兩架珍貴的U-2，盛士禮因此被退訓。

8月2日和4日兩天，美國兩度宣稱旗下的海軍驅逐艦在越南、雷州半島、海南島之間的東京灣（Gulf of Tonkin）遭到北越魚雷快艇的攻擊，史稱「東京灣事件」。幾天後，參眾兩院通過了所謂的「東京灣決議案」，授權詹森總統在越南採取必要手段抵抗對美軍的攻擊行為，詹森在10日正式簽署成為法律。

在此之前，美國與北越並未正式宣戰，所以北越境內距離海岸超過30英哩的內陸地區，是由進駐泰國塔克里的中情局G分遣隊的U-2秘密進行空中偵察，代號為LAZY DAISY行動。而北越的海岸線以及整個南越地區則是由戰略空軍司令部駐在邊和（Bien Hoa）的U-2單位負責，代號為LUCKY DRAGON。東京灣事件爆發後，北越跟美國變成交戰的雙方，南北兩越上空的高空偵察就順勢由軍方的U-2全部接手。

由於美國懷疑中共提供北越軍事援助，所以迫切需要中越邊界地區的最新動態，偏偏國府現在對執行U-2偵察任務的態度轉為消極，讓中情局急得跳腳。為了應急，中情局決定破例由美籍飛行員駕駛H分遣隊的U-2進入中國大陸偵察，於是通知H分遣隊準備於當地時間8月6日上午執行這次特別的C134E任務，偵察雷州半島和廣西一帶。因為是由美國人駕駛，H分遣隊將359號U-2的國民黨徽塗掉，改漆N317X的美國註冊號碼，中情局也編了一套故事準備應付最糟的情況。

中情局長麥康要在美國時間6日舉行的303委員會[15]的會議上提出這次任務的申請，所以先指示H分遣隊將C134E任務延後到7日執行。與會的國家安全助理彭岱認為這次的情況特殊，只有總統才有權批准，便在會中撥電話給詹森總統，詹森答應考慮看看。會後麥康找國防部長麥納馬拉討論，儘管麥康強調現在有嚴重的情報落差，值得冒險一試，但麥納馬拉認為中共一定會發現而讓情況變得更糟，所以堅決反對。中情局仍不放棄，通知H分遣隊把C134E任務再延後到8日執行。

　　第二天，彭岱告訴麥康，由於國務卿魯斯克也極力反對這個提議，所以沒有必要再去問總統的意見。H分遣隊稍後就接到C134E任務取消的通知。

　　8月12日，納爾遜返美述職，由蘇比代理與蔣經國進行會談。蘇比問蔣經國何時可恢復U-2正常任務，必要時其駕駛員可否由美方合格人員擔任？蔣經國回答，正常任務可於中華民國兩名駕駛訓練完成後恢復，在特別緊急狀況下可由美方人員駕駛，但需請示總統決定。可見蔣經國對於第35中隊恢復作戰任務一事，仍然態度保留。

　　蔣經國可能是要藉此從美國方面取得更好的裝備，以保護國府飛行員的安全。因為中情局的解密檔案提到，國府方面要求美國提供飛得更高更快的飛機，並且在U-2加裝性能更好的飛彈反制裝備。中情局裡甚至有人因此而懷疑，國府已經有人得知中情局研發A-12偵察機的OXCART計畫[16]，因為這種準

---

[15] 原來的特別小組從1964年6月2日起，正式改名為303委員會。
[16] 有關A-12的偵察行動，請參閱本書1967年的部分。

備取代U-2的飛機能以三倍音速的速度飛行，高度更可以達到95,000呎。

無人偵察機上場

由於蔣經國遲遲不讓國府的U-2飛行員執行任務，美國政府高層又不同意由美籍U-2飛行員執行中國南部的偵察任務，為了避免出現情報斷層，美國空軍緊急從大衛斯—蒙森基地抽調第4028戰略偵察中隊配備的Ryan 147B型高空無人偵察機，組成一支特遣小組，進駐沖繩的嘉手納空軍基地待命，代號為BLUE SPRINGS行動。

BLUE SPRINGS行動的構想，是利用特別改裝過的DC-130運輸機在翼下掛載Ryan 147B，從嘉手納飛到廣東南方海域投放，Ryan 147B即依據設定航線飛入中國大陸進行偵照作業，DC-130則先返航。完成任務的Ryan 147B會按照設定飛往回收區上空張開降落傘降落，地面人員將其回收之後，再由DC-130運返嘉手納基地。底片沖洗完畢後，另以空運送回美國本土進行判讀作業。

暫代中情局台北站長職務的蘇比在8月12日面見蔣經國時，向他報告美方將「使用無線電操縱飛機實施偵照，以補助U-2機暫停活動期間之空隙」。蘇比說，「台灣協防司令部及美駐華使館曾就商於俞大維部長，現其技術人員一組及美戰略空軍司令部官兵六人，攜帶若干裝備於今日抵台。海輔中心頃奉命商請中方准許該批人員及裝備進駐新竹或桃園兩基地，並擬指定費格森先

生與楊紹廉中將協辦此案。」蔣經國表示原則同意本案，但仍需請示蔣介石總統，第二天再正式答覆。

BLUE SPRINGS行動後來選定桃園附近的某地作為Ryan 147B的回收作業區，桃園基地則作為DC-130載運Ryan 147B回沖繩的出發地。

8月20日，BLUE SPRINGS行動執行第一次任務，由序號57-0496的DC-130掛載8號與9號兩架Ryan 147B從嘉手納起飛，其中9號機為任務機，另一架則為預備。當DC-130抵達投放地點上空時，9號機卻無法脫離掛架，DC-130在空中繞行一圈回到原訂施放點後，作為預備的8號機順利發射出去。13分鐘後，當DC-130在返航的途中，9號機卻突然脫離掛架，此時它的發動機已經關閉，所以直接從高空墜海。

美方稍早已經調派57-0497號DC-130到桃園基地待命。8號機完成偵照任務後，按照設定的航線返回桃園的回收區以降落傘落回地面，但是因為降落傘沒有與飛機分離，被風吹起後導致這架無人飛機翻覆受損。地面人員將8號機和底片送上在桃園待命的DC-130，空運回到嘉手納基地。

如同其他的秘密偵察任務，美方也為BLUE SPRINGS行動提供了偽裝的身份。蔣經國在26日告訴納爾遜：「執行大陸偵照任務之無線電操縱飛機，機身使用中國民國標幟，可予同意。」因此每次Ryan 147B執行任務的前一晚，嘉手納基地的美軍人員會先在機上漆上國民黨徽；地面人員完成回收作業後，再立即以油漆覆蓋。

8月29日，在BLUE SPRINGS行動的第二次任務中，11號Ryan 147B完成偵照飛返桃園的回收作業區後，控制回收的無線

電指令未能順利傳送，11號機因此繼續飛行直到消失無蹤。第三次任務在9月3日由10號Ryan 147B執行，但是發動機在回收過程中熄火，所幸機身只有輕微受損，底片也安然無恙。美軍在9月9日出動了兩次任務，其中執行第四次任務的13號機在回航時發動機熄火，從30,000呎高空墜落；同一天負責第五次任務的6號機則是在爬升中墜毀於寮國境內，由於殘骸裡唯獨不見垂直尾翼，美方懷疑它是被擊落的。

Ryan 147的前五次任務中，只有兩次曾順利回收底片，成功率偏低。納爾遜在9月11日向蔣經國報告：「截至目前止，使用無線電操縱之飛機實施偵察任務，仍未盡如理想。」他又補充說明，「前次運用無線電操縱飛機對大陸偵照，係在南沿海施放，故仍使用中華民國標幟。」

BLUE SPRINGS行動在9月又執行了幾次任務後，從10月初開始，部署地點移到越南境內的邊和空軍基地，回收作業區則改在峴港（Da Nang）。11月16日，中共新華社宣布解放軍空軍的飛機在前一天擊落一架侵犯中國南方領空的「美帝」高空無人偵察機。美國主要報紙接著報導了相關的新聞，Ryan 147的偵察行動因此公諸於世。

中共第一次核子試爆

除了越南的戰事，中共的核子發展計畫是1964年下半年另一個讓美國頭痛的問題。中情局在8月26日所提一份名為《中共即

將進行核子試爆之可能性》的分析報告指出，根據1963年9月的空拍照片，位於包頭的小型氣冷式反應爐附近當時仍有不少建築工程正在進行；但是1964年3月的照片卻顯示主要的工程都已經完成。中情局因此判斷，包頭反應爐在1963年下半或1964年初開始運轉，最早也要到1965年中才能產出足夠用於試爆的原料。

這份報告也指出，蘭州的氣體擴散工廠仍未完工，應該是進度有所延誤。而除了包頭與蘭州，中共可能在其他地區還有生產融合原料的工廠，例如擁有豐富水力資源的四川盆地就很適合興建大型的水冷式反應爐，只是沒有被拍到照片。不過所有的可疑地點都已經被偵照過，所以中情局即使無法完全排除這種可能，可能性也很低。

中情局從1964年4月的空拍照片中，首次在羅布泊發現疑似核子試驗場的地點。之後在8月6日到9日拍攝的照片，發現此處的地面刻畫了一個直徑19,600英呎的大圓，位於圓心則有一座高約325英呎的鐵塔。中情局因此斷定這是一座核子試驗場，而從附近測量設施的工程來看，最快在兩個月內就可以進行試爆。

綜合這些情報，中情局作出這份報告的結論：「雖然無法排除中共在年底前進行試爆的可能，但相信中共的試爆要過了1964年底才會發生。」

這份報告引用的1963年9月空拍照片是葉常棣執行GRC-178任務時所拍攝，其他參考的照片都是人造衛星拍攝的：1964年3月跟4月的照片分別來自美國空軍GAMBIT衛星的4006號、4007號兩次任務，8月6日到9日的照片則是中情局CORONA衛星的1009號任務所拍攝。

國府飛行員雖然多次冒著生命危險深入中國內陸搜尋中共的核子設施，但自從葉常棣被擊落後，U-2偵照包頭與蘭州兩地的偵察行動就為之中斷。因為照相情報久未更新，而且一直未能深入到羅布泊地區偵照，國府的U-2任務對於預測中共第一次核試的時間並沒有直接的幫助。反而是照相解析度不斷提高的人造衛星，儘管仍無法完全取代U-2，及時提供了最重要的線索。

對於中情局預測的中共核試日期，美國政府內的看法不一。國務院裡就有人認為，中共一定是因為馬上要進行試爆，才會在羅布泊試驗場搭起鐵塔。中情局因此答應重新再作分析。

另一方面，美國政府高層開始認真思考針對中共核子試爆的因應措施。國務卿魯斯克、國家安全助理彭岱、國防部長麥納馬拉、中情局長麥康在9月15日的一次會議中，做成以下的建議：一、暫時先讓中共按計畫進行核子試爆，而不採取任何破壞中共核子設施的軍事行動；二、私下詢問蘇聯是否願意跟美國聯手阻撓中共的進展，從口頭警告中共到聯合軍事行動都是可以試探的方向；三、由國府飛行員駕駛漆有國府標誌的U-2，從泰國塔克里基地執行對羅布泊試驗場的偵照任務。詹森總統當天就批准了這些建議。

彭岱於是在25日中午約見蘇聯駐美大使杜布里寧（Anatoly Dobrynin），討論如何對付中共核武的發展。杜布里寧說明，以蘇聯政府的立場來看，中共發展核武是理所當然的，而且中共的核武不管對蘇聯或美國來說都不重要，只是會對亞洲國家產生一些心理上的影響而已。杜布里寧的話，間接表示蘇聯沒有興趣跟美國聯手對付中共的核武計畫。

國務院在同時研究如何降低中共核試在政治上和心理上的衝擊，最後採取的策略是向美國人民和盟國預告中共即將進行試爆，一方面是在試爆前就先破中共的梗，減低事發當時的衝擊，一方面也向盟國宣示美國時時都在監視中共的發展，提高各盟邦對美國的信心。國務院先洩漏中共準備核試的消息給哥倫比亞廣播公司（CBS），等CBS在28日的新聞上播出後，再由國務院發言人順勢在第二天以魯斯克的名義發表一則早就準備好的聲明。

　　中情局則通知國府，準備以第35中隊飛行員從塔克里基地出發，前往羅布泊上空偵照中共準備核子試爆的情形。

　　10月5日，中情局長麥康跟詹森總統、彭岱、魯斯克、麥納馬拉開會，對U-2的羅布泊任務作最後的確認。麥康拿出CORONA的衛星照片，說明U-2的照片可以提供更精確的情報，用來確定中共核試的時間點。不過麥康也表示，除非總統跟國務卿都認為正確預測試爆的時間非常重要，否則他不建議執行這次深入內陸的任務，因為羅布泊已經到達U-2航程的極限，而且沿途沒有其他重要的目標。魯斯克表示，他根本不在乎能不能準確預測試爆的時間，此外，U-2在途中會經過緬甸和泰國上空，也不是他所樂見的。

　　於是史無前例的羅布泊任務就此取消，中情局在8日以電報通知台北的海軍輔助通信中心這個決定及原因。納爾遜在12日告知蔣經國，美方基於下列原因洽請中方對偵照新疆羅布泊地區之原議暫停實施：一、此事牽涉中、美、泰三方面，萬一失事，恐將引起政治上之困擾；二、在美國大選期間避免對美國國內政治上之刺激；三、由於中共尚未試爆核子裝置，以及魯斯克國務卿

早於9月29日對此問題，機先予以揭露，已可降低中共試爆所能產生之影響。納爾遜也表示，中情局副局長卡德將軍非常希望有機會親向蔣經國與蔣介石總統報告本案並致歉。

10月15日，中情局提出對中共核子試爆的最新預測分析。根據最近取得的人造衛星照片，羅布泊試驗場在10月前已經完成試爆的相關準備，高340英呎的試爆鐵塔周圍已經架好雙層圍籬，在試爆塔周圍的測量儀器也架設完成，顯示試爆行動馬上就會進行。透過監聽無線電通話也發現，進出這個地區的飛航活動在9月底有增加的現象，可能代表最後準備工作正在進行。

此外，中情局重新分析包頭過去的空拍照片，發現電力系統其實在一年半前就完成，所以反應爐開始運作的時間應該比之前的分析還要早。這份報告最後結論：「羅布泊隨時都可能進行試爆，但無論如何，試爆應該是在未來的六到八個月內進行。」

中情局顯然是在打保守牌，畢竟六到八個月是個非常大的「信賴區間」。不過「六到八個月內」當然也包括了第二天，所以中情局對中共第一次核試時間的預測還算準確：中共在10月16日就宣布他們在當天已經成功完成核子試爆。

美國空軍隨即展開TOE DANCER行動，空軍氣象隊從位於日本、利比亞、阿拉斯加、美國本土的四個基地出動了C-130、WB-50、WB-57等型飛機，升空採集中共核子試爆產生的落塵，戰略空軍司令部也出動了B-52和第4080聯隊的U-2支援。從10月16日到12月5日，TOE DANCER行動總共執行了85次收集的任務。由於任務屬性不同，H分遣隊的U-2並沒有參與這次採集落塵的行動。

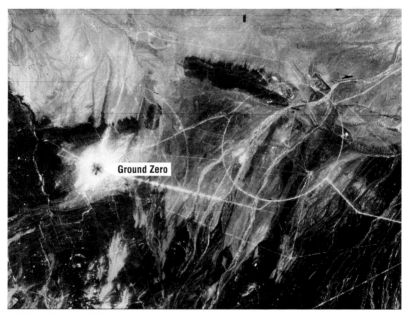

圖16：美國CORONA衛星在中共完成第一次核子試爆四天後所拍攝爆炸中心
（Ground Zero）的照片。（NSA）

　　美國的核子研究機構分析這些落塵後發現，中共使用的原料是製作難度較高的鈾235，而不是之前猜測的鈽239。中情局雖然正確預測了時間，對原料的研判卻失了準頭。

取得電子反制裝置

　　前面提到，蔣經國因為飛行員接連失事，而對美方要求執行的U-2偵察任務採取保留態度，可能也藉此給美方壓力，以促

使美國提供飛行員更好的防護裝備。蔣經國在8月26日針對納爾遜所提的問題回答說：「運用U-2機對華南偵照問題，原則可同意。但駕駛員已否完成準備，需向空總了解」。其實蔣經國只要一聲令下，空軍總部哪有不配合的道理？

　　過了三天，蔣經國再與納爾遜見面，蔣說：「高空偵察機駕駛員已準備完成，一俟飛行安全問題解決後，即可實施美方所建議之工作任務，並由徐總司令續與美方協商」。由此可見蔣經國前幾天所提飛行員準備的問題，應該是故意推託之詞，目的還是希望美國趕快提供防護裝備。

　　9月11日，納爾遜向蔣經國報告，中情局長麥康及副局長卡德對有關高空偵察機增加安全裝備一事，仍將繼續努力爭取，能否成功，尚難逆料。

　　到了10月12日，納爾遜在會談中除了告知羅布泊任務暫停實施的決定，還傳達了另一項重要的訊息給蔣經國：「美參謀首長聯席會議已同意將最新銳之反電子裝備，裝設於本地區使用之高空偵察機上。該項裝備約兩周後，可運至泰國之塔克里空軍基地，俟現有之兩架飛機增加裝備完成後，希望先對華南地區執行任務，再回塔克里，然後返台。」

　　納爾遜提到的反電子裝備，中情局稱之為13號系統。蔣經國應該很清楚第35中隊蒐集到的情報，對美國的價值遠大於台灣，所以透過消極的執行態度讓美國產生一段「情報落差」，終於讓美國改變決定。但他似乎又怕美國耍詐，所以告訴納爾遜「仍希望兩架U-2在執行華南地區任務後直接返台較為安全。」

　　其實早在一年以前，中情局就開始爭取在H分遣隊的U-2加

裝反制中共地對空飛彈雷達系統的電子裝備，只是美國國防部擔心萬一U-2發生意外墜落在中國大陸境內，這些列為最高機密的電子裝備就會落入中共手中，所以一直不同意。現在因為中情局急於透過U-2獲得重要情報，美國國防部就不再堅持。

美國對中共情報的渴求，從中情局副局長卡德跟蔣介石的談話中表露無遺。卡德是在中共成功進行第一次核子試爆後訪問台北，他在19日晉見蔣介石時提到：「過去四年中利用人造衛星實施偵照任務，已使美國能確實掌握蘇俄境內各個飛彈基地之位置與設施，並攝得中共區內重要之核子設施多處，但更進一步詳細之偵察仍有賴於U-2機任務計畫之執行。以往由中美雙方密切合作進行之U-2機任務計畫，已因總統之充分支持及中華民國駕駛員技術與犧牲奮鬥之精神，而獲得優異之成果。人造衛星攝得之照片雖有價值，但其清晰程度均遜於U-2機所攝者。因此，對今後U-2機偵照任務，美方仍願全力支援，並請總統同意繼續執行。」

卡德又說：「現參謀首長聯席會議已批准將在中華民國使用之U-2機加裝最新銳之反電子裝備。另外，美國現已研究成功，U-2機在高空停車時，再度發動引擎之裝置，俾於執行任務時，如在高空停車，可不必降低至有被敵飛彈擊中之高度，以增加飛機與駕駛員之安全。此種裝置，俟出廠後即可裝配於現在本地區使用之U-2機。」

最後卡德提到中國大陸可能還有未被發現的核子設施，「如四川盆地長沙地區水力發電之潛力甚大，亦可選為吾人今後偵照之目標。如原則上蒙總統核可，恢復U-2機正常之偵照任務。美

方願予全力支援，其技術方面之問題。擬由蔣副秘書長指定其幕僚人員與美方人員磋商。」

暗夜中尋找蛛絲馬跡

在中共完成第一次核試之前，中情局的分析人員一直認為中共會以鈽239為原料。等到分析完這次試爆產生的落塵，確認中共使用的是鈾235，讓中情局非常意外。H分遣隊的U-2已經有整整一年沒有到中國西北偵照，蘭州的氣體擴散工廠是否在這段期間內已經產出試爆用的鈾235？要找出答案，只有讓U-2前往一探究竟。

加裝13號系統後的U-2由於機身重量增加，因而航程變短，中情局決定從距離蘭州較近的塔克里基地出發。過去G分遣隊的U-2曾經利用這座基地，執行中南半島、中印邊界、西藏的任務，H分遣隊則是到1964年10月初中情局準備執行羅布泊任務時才第一次進駐，只是後來任務沒有執行。

10月31日，張立義從塔克里起飛，執行H分遣隊首次由此地出發的C224C任務，這也是張立義個人的第一次U-2作戰任務。他在起飛之後直接往北飛到蘭州西南方，轉向東北繞過蘭州之後，改向東南飛行，經西安直飛台灣。除了蘭州氣體擴散工廠，這次任務拍到了興建中的武功發動機製造廠，一旁的武功機場仍可見到楊世駒拍到的兩架Tu-16。

中情局急著要彌補長久以來的情報斷層，所以在接下來的兩個星期，分別由王錫爵和張立義各出了一次東北與北韓任務和一次

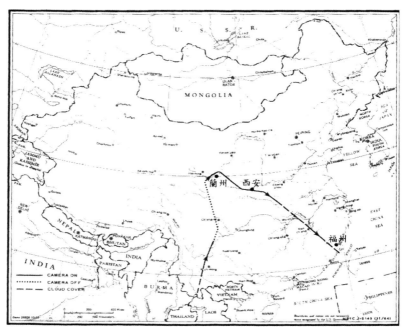

圖17：由張立義執行的C224C任務航跡圖，點虛線表示相機在關閉狀態，長虛線則
　　　表示有雲層遮掩。（CIA）

中國南方任務，張立義完成他那一次任務後返航降落在塔克里。

　　過去中情局分析中共在包頭和蘭州的兩座核子設施時，主要
是依據建築物的外觀來判斷是否已經可以運轉，另外再從建築的
尺寸來估計其產能，但因為照片無法顯示設施內部，很難研判運
作的狀況，才會發生這次原料判斷錯誤的情形。卡德在10月中晉
見蔣介石時提到紅外線照相機，「裝配於機上可便利對熱源之偵
察。因核子設施通常需要龐大之電源設備，周圍均有熱量之輻

圖18：美國GAMBIT人造衛星在1966年5月10日所拍攝的蘭州氣體擴散工廠照片。
（via National Security Archive）

射，如採用此種照相機，即可便利並加強吾人對中共核子設施偵
照任務之實施」。

　　303委員會在11月12日批准中情局使用卡德提到的紅外線照
相機，準備由攜帶這種相機的U-2拍攝蘭州與包頭兩個廠區，取
得周遭溫度分佈的資料，再跟美國自己的核能工廠相關資料比
對，藉以推測其運作狀況。

　　H分遣隊的首次紅外線偵照任務由張立義負責，目標是包
頭。因為這類任務必須在黑夜裡進行，所以這次C284C任務是在

11月22日晚間起飛。當張立義飛完大約一半的航程，就因為紅外線相機故障在23日凌晨中止任務返航。

26日晚間，輪到王錫爵執行C304C紅外線偵照任務，這回的目標是蘭州。就在王錫爵快要抵達蘭州時，駕駛艙內響起防禦系統的警告聲，13號系統發揮作用，開始干擾中共導彈部隊的FAN SONG雷達，中共發射的飛彈因此落了空。王錫爵在遭到攻擊後中斷任務返航，H分遣隊的第二次紅外線偵照任務又未竟全功。中情局事後要求國家照相判讀中心（National Photographic Interpretation Center）仔細針對蘭州附近的空拍照片搜索地對空飛彈陣地，果然發現一處之前沒有注意到的陣地。

12月9日，輪到王政文執行個人第一次U-2作戰任務（C324C），目標區是中國的東北。王政文從山東半島東邊穿越中共領空，從威海與煙台中間進入渤海，飛經旅順、大連、瀋陽，在抵達遼源前迴轉往南，經通化、白山、丹東等地後出海返航。這次任務涵蓋了瀋陽發動機製造廠和瀋陽飛機112號廠，在112號廠旁的機場滑行道拍到兩架MiG-21和兩架疑似MiG-21的飛機。另外在旅順口潛艦基地拍攝到六艘WHISKEY級潛艦，先前其他任務在旅大造船廠發現的一艘GOLF導彈潛艦則仍然停泊在原處。

H分遣隊在19日再度嘗試紅外線偵照，出發地改到南韓的群山基地。但是當王錫爵起飛後不久，13號系統的自我檢測失敗，王錫爵在取消任務後直接南返桃園。

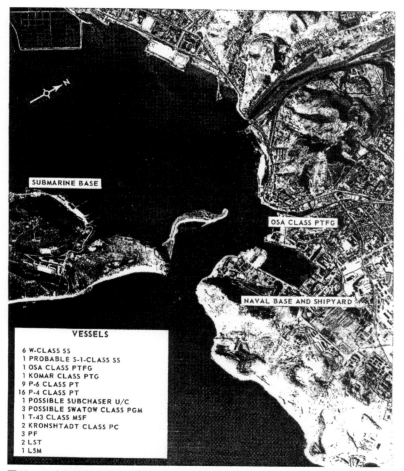

圖19：王政文於C324C任務拍攝的旅順口海軍基地。（CIA）

1965

最後一次偵照蘭州與包頭

連續幾次紅外線照相任務都不成功，所以H分遣隊進入1965年後的第一次任務就是再度嘗試紅外線照相。台北時間1月8日晚間7時，王錫爵駕駛358號U-2從桃園出發，執行C015C任務，前往蘭州拍攝氣體擴散工廠的紅外線照片。王錫爵這趟任務途中完全沒有遇到任何突發狀況，經過7小時又5分的飛行，平安降落桃園，總算成功完成一次紅外線偵照。底片先由國府空軍的照技隊沖洗，經過簡單判讀，確定目標涵蓋正確與照片品質正常後，12日由中情局專人搭乘民航機帶回美國作進一步的分析。

1月10日，輪到張立義對包頭的核子設施實施紅外線照相，任務編號C025C。中情局針對這次任務的敵情分析顯示，距離航線不到100海浬的地對空飛彈陣地包括北京附近的七座和故城機場的一座，另外在蕪湖、武威兩處機場可能有MiG-21進駐。張立義於晚間6時駕駛358號U-2起飛，但是從9時17分起就與H分遣隊失去聯繫。中共廣播在晚上11時許宣布，一架蔣幫政權的美製U-2高空偵察機被解放軍空軍單位擊落。

張立義其實已跳傘逃生，但中情局無從知悉，只知道358號U-2在9時16分的高度還有68,800英呎，9時17分就掉到26,000英

呎，位置大約在包頭東南方。中情局在這次任務前並沒有在包頭附近發現過任何飛彈陣地，前一年11月26日在蘭州附近攻擊王錫爵的飛彈陣地雖然已經清空，但不確定撤往何處。中情局這次同樣要求國家照相判讀中心對包頭附近的空拍照片再詳細搜索一次，後來也果然在距離包頭東方43.8海浬和東南方26海浬的兩個位置分別發現地對空飛彈陣地。

納爾遜在張立義失事第二天就去見蔣經國，表示哀悼之意。蔣經國特別提到「本人對張少校之犧牲，內心實感悲痛。因張少校係我曾經在美受訓之優秀空軍軍官，其生前最為本人所喜愛，尤其在聖誕節前夕，本人與張少校及其他空軍軍官曾共渡佳節，當時情景記憶猶新。」

蔣經國也質問，「此次我U-2機遭受攻擊之前，為何BIRDWATCHER及電子設備未呈現反應？」，他也認為「必須立即研究共匪反制反電子設備之科學技術是否已有改進，亦即匪飛彈基地之搜索與射擊指揮雷達是否能隨時變更其周率，而使我機上之反電子設備失卻感應。又此次我機失事，據匪播指出，係被匪某一空軍單位所擊落，並未提到為匪之飛行單位所擊落，故判斷與匪之飛彈單位有關。」

納爾遜則認為，從技術觀點來看，中共的兩種雷達不可能在極短時間內變換其周率。至於張立義失事原因，他回應說：「依當時所呈現之各種跡象以及當時之情況判斷，我U-2機被飛彈所擊中之可能性甚大。如我U-2機本身機件發生故障，因有安全裝置可使其獲得向台北報告之餘裕時間。按常理安全裝置不可能與其他機件同時發生故障，此次我U-2機上及電子設

備之所以未呈現感應，亦可說明我U-2機被擊中後即已全部破壞。」

接下來納爾遜針對王錫爵偵照蘭州的初步結果作摘要報告：「一、根據紅外光照片所顯示之狀況，經初步判讀，可發現該廠房平頂上之熱量與附近其他屋頂上之熱量差別甚微，廠房附近儲水池（冷卻用）之水與附近河流內之水，其熱量亦無何差別。如該廠在經常工作時，則其廠房屋頂及儲水池之水，均應較熱。因此，對該廠工作狀況，仍無法判定。二、該廠是否在經常工作，尚待專家進一步之研究。」

張立義的失事讓H分遣隊再一次失去獲得包頭核子工廠空拍照片的機會，所以蔣經國表示：「包頭匪之重要核子設施，有從速進行了解之必要。吾人對包頭最後一次之偵照，距今已將一年有半，在最短期間內，希望美方能運用其他系統對該地區執行偵照任務。」

歷史的發展證明，張立義被擊落的C025C任務是H分遣隊U-2最後一次偵照包頭的嘗試，而王錫爵在1月8日成功完成的C015C紅外線偵照任務，則是U-2最後一次飛越蘭州。日後美方對這兩個地方的偵照，都是「運用其他系統」進行。

東南亞戰事升高

美國總統詹森除了在東京灣事件後幾天，曾下令美國海軍的飛機對北越的海軍設施與艦艇作報復性轟炸，之後有一段時間都

沒有對北越採取類似的軍事行動。越共在1964年11月1日攻擊南越的邊和空軍基地，導致五名美國人喪生，但詹森沒有下令軍方進行報復行動。1964年12月24日，越共以汽車炸彈攻擊西貢市區一家美軍軍官居住的飯店，兩名美國人因此喪生，五十多人受傷，詹森也還是沒有指示軍方報復。

到了1965年2月6日，正當國家安全顧問彭岱親自到越南了解狀況時，越共再度對美軍發動攻擊，這次的目標是百里居（Pleiku）基地的美軍設施，有八名美軍喪生，一百多人受傷。據說詹森接獲消息後曾表示「這次我真的是受夠了！」無論如何，這次他下令軍方在2月7日執行FLAMING DART行動，以飛機轟炸北越在北緯17度停戰線附近的據點。不料越共為了報復美國的空襲行動，又攻擊了一處美軍的住所，造成多人傷亡，詹森再命令軍方進行第二波FLAMING DART轟炸行動。

為了評估中共對於這兩波轟炸行動是否有任何反應，中情局必須蒐集更多的情報，所以張立義被擊落的事件並沒有讓H分遣隊停飛太久，王政文、王錫爵、吳載熙在2月份各執行了一次中國西南與北越、寮國一帶的偵照任務。

原本中情局在安排這類任務時，是讓第35中隊負責中越邊界以北的中國大陸部分，北越和寮國的目標則是由美籍飛行員負責。但因雷州半島的天氣惡劣，所以王政文2月19日的C045C任務罕見的從北越上空開始，主要目標仍是中國境內。王政文從海南島南方海面以西北航向穿過北越，偵照完雲南的目標之後，再往南進入寮國北部偵照。這次任務發現蒙自機場上有60架飛機，跟之前Ryan 147無人飛機在此拍到的65架差不多，另外在蒙自東

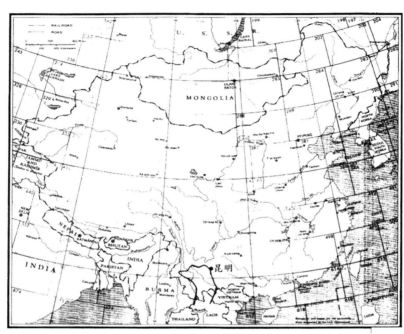

圖20：由吳載熙執行的C065C任務航跡圖。（CIA）

北方的平遠發現一座興建中的機場。但整體來說，並沒有跡象顯示中共軍隊有異常的活動。

2月22日，王錫爵從塔克里基地出發，他從寮國北部進入雲南後不久，相機就發生故障，只好中止這次C055C任務返航。

吳載熙於24日接續王錫爵未完成的部分，任務編號改為C065C，這也是他個人的第一次U-2作戰任務。他從塔克里起飛後，沿著緬甸、寮國邊界北上進入中國大陸，過了普洱轉向西北飛行，在到達緬甸邊界前迴轉向東方飛行，經過保山、大理，在

昆明轉往南向飛行，穿過北越西北角、寮國，安全返抵塔克里。

　　2月初進行的兩次FLAMING DART轟炸行動都是「一報還一報」式的報復性攻擊，但是詹森政府的官員們體認到這種方式無法遏止越共的破壞行動，開始思考用更猛烈的轟炸作持續性的報復。詹森於是在2月13日批准對北越進行持續性的大規模轟炸，代號為ROLLING THUNDER行動。不過由於南越的政局混亂，ROLLING THUNDER行動拖延到3月2日才展開，從此越戰進入了一個新的階段。

　　美國擔憂的仍是在北越後面撐腰的蘇聯和中共的後續動作，所以美國情報委員會指示每個月必須針對中國南部的重點目標全面偵照一次，每個星期再更新其中四分之一目標的照相情報，藉此掌握中共在這個區域的戰鬥序列最新動態。

　　美國情報委員會的指示對H分遣隊來說，代表更多中國西南部的偵照任務。此時已有情報顯示中共在昆明和蒙自機場進駐了MiG-19和MiG-21戰鬥機，但依然沒有在此地發現地對空飛彈陣地。王政文在3月12日從塔克里出發，但才進入雲南不久就被迫折返。

　　3月14日，吳載熙再度從塔克里起飛執行雲南地區的偵照任務（C115C），當他通過昆明往南飛到蒙自的途中，突然遭到一架鑽升上來的三角翼飛機發射飛彈攻擊，但沒有被擊中。由於MiG-21是中共唯一擁有的三角翼飛機，所以攻擊吳載熙的必定是MiG-21。這次任務的空拍照片沖洗出來後，在昆明機場跑道上發現一架三角翼飛機，可能就是攻擊吳載熙的那一架MiG-21正在滑行起飛中。

　　這個事件發生後，國府空軍要求U-2暫時停止執行任務，

以便研究對付中共MiG-21的戰術，同時建立飛行員的信心。本來U-2計畫總部建議在3月19日這天執行雙機偵察任務，因為國府不同意，加上14日有一架Ryan 147被擊落，所以打消了這個念頭。

中情局在4月2日將385號U-2從美國飛到桃園，遞補張立義事件被擊落的飛機，但H分遣隊直到4月17日，才由王錫爵執行了下一次作戰任務。

都是天氣惹的禍

1963年9月蔣經國訪美之後，蔣介石準備反攻大陸的動作平息了好一陣子。但中共完成第一次核子試爆，又對蔣介石反攻大陸的計畫構成極大的壓力，因為他認為中共一旦發展出實用性的核子武器，台灣勢必遭受核子攻擊，光復大陸的希望就更渺茫了。蔣介石決定要盡快發動反攻，他在1965年的元旦告全國軍民同胞書中提到：「我們在民族復興基地的軍民，不但絕未為共匪原子試爆所動搖，而正認為共匪的原子試爆，乃就是我們要加緊赴援大陸，救焚救溺，消防車頭警鐘的馳驟，和燈塔臺上光明的召喚！」

美國發動ROLLING THUNDER行動，擴大越戰的規模，在蔣介石眼中真是天賜良機，他想用切斷中共對北越援助的名義出兵，來完成他反攻大陸的美夢。在這樣的背景下，許久未進行的U-2對台灣海峽對岸地區偵察任務，又在國府的要求下重出江

湖。4月30日，吳載熙對福建、浙江一帶的中共軍事設施偵照了一遍。H分遣隊在1965年總共執行了六次台灣海峽對岸的任務，是1962年台海危機以來的另一個高峰。

5月14日，中共成功進行了第二次核子試爆。年初升任國防部長的蔣經國在5月17日與納爾遜的例行會談中指出：「根據5月16日美聯社東京消息，共匪第二次試爆係在大陸西北之秘密火箭基地所發射，而且是在空中爆炸。」中情局非常確定中共是以轟炸機空投的方式進行此次試爆，除此之外，在已解密的中情局檔案中，少有關於這次試爆的資訊。

在這次例行會談中，納爾遜提到他將在這一年的夏天調往東京工作，而海軍輔助通信中心也會進行改組，同時遣散一百多名工作人員。後來海軍輔助通信中心縮編改組為陸軍技術組（Army Technical Group），雖然名稱改變，實際的任務依然是中情局的台北工作站。

由於越南的戰事，位於中越邊界的憑祥成為中共援助北越的重要交通樞紐，美國情報委員會在5月12日將這座小城列為U-2偵照中國南部的最優先目標。中情局於是規劃了預定17日執行的C295C任務，針對憑祥以及附近的廣西、北越境內目標偵照，但是後來因天氣不佳而取消。之後預定分別在19、21日執行的C305C、C315C任務也都因此取消。

中情局後來在作任務規劃時把C315C的航線拆成分兩次任務執行，國府要求偵照的台灣海峽對岸地區列為C325C的目標，廣東、廣西、湖南一帶的目標則在C335C任務實施偵照。由於中度颱風愛美（Amy）可能來襲，影響到台灣海峽的天氣，中情

局暫時把兩項任務的日期都訂在5月27日，如果當日天氣良好則C325C優先執行，作為備案的C335C則延後。

　　任務預定日的前一天，似乎台灣海峽的天氣會變壞，因此C325C延後，由王錫爵在27日上午8時8分起飛執行C335C任務。他在過程中飛越廣州白雲機場，並目視發現停機線上有大約20架戰鬥機和兩架運輸機。他絕對不會想到，21年後的另一個5月天，他會以華航機長的身分劫持自己駕駛的貨機在這座機場降落。

　　愛美颱風在菲律賓附近就轉向東北，沒有影響台灣海峽，所以吳載熙在28日執行號碼較小的C325C任務。這是U-2計畫改用新的編號規則後，首度發生編號次序與執行次序不一致的狀況。

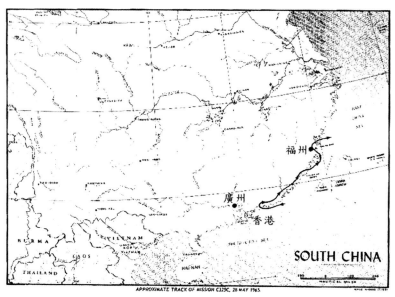

圖21：由吳載熙執行的C325C任務航跡圖。（CIA）

C325C和C335C任務涵蓋了不少機場，其中以廣州南海、來陽、興寧三座最為重要。南海機場上總共發現了79架MiG-15與MiG-17，比之前的照相情報多了18架，但仍未有性能較佳的MiG-19與MiG-21進駐。來陽機場則有26架MiG-19和14架Il-28，跟稍早的照相情報比較，Il-28的數量一樣，MiG-19卻少了七架，很可能已經移防到中越邊界附近的機場。在興寧機場拍到20架MiG-15與MiG-17，不過監聽電訊顯示可能已有MiG-19進駐。此外，在衡陽彈藥庫拍到多達100節列車車廂，似乎代表由此地出發的運輸量增加。在廣州附近的幾處鐵路列車場更發現多達900節車廂，顯示當地的運輸十分頻繁。

　　U-2計畫總部在6月17日通知H分遣隊準備在19日執行C345C任務，總部一共規劃了台灣海峽、廣東、中越邊境三種不同航線，準備利用強烈颱風黛納（Dinah）來襲前的好天氣再作最後決定。但是黛納颱風在18日傍晚登陸台灣，C345C任務也被取消。

　　納爾遜在6月9日與蔣經國會談時，提到天氣變化對任務計畫的影響，他說：「關于U-2機執行任務計劃之作業程序及目標之選定，為適應大陸地區氣象之變化，并爭取時間，似宜儘量簡化。此事正由中美雙方共同研究中，希望今後對任務計劃之決定，能由24小時減為12小時。」中情局從7月中開始修改作業程序，把作最後決定所需之時間從24小時減少為12小時，納爾遜向蔣經國報告說，「實施以來，情況良好，令人滿意」。

新人輪番上陣

先前一起從美國受訓返台的余清長、莊人亮、劉宅崇，在完成熟飛訓練後，開始執行戰備。余清長在三人中拔得頭籌，於7月20日執行了偵察海南島的C395C任務。他從桃園起飛後，由海南島東北角進入，以西北的航向通過海口的北方出海，在雷州半島之南轉向，再從臨高附近進入海南島，通過儋州後轉向西行，在昌江附近轉向南飛，於崖州灣出海後轉為東北向的航線，經過崖縣、陵水後返航。

莊人亮在第二天接著上場執行偵照台灣海峽對岸的C405C任務，這是H分遣隊在1965年的第四次同類型任務。他從汕尾附近進入中共領空後並未深入，之後沿著海岸線北上，時而登陸、時而出海，最深入內陸的部分也距離海岸不到20海浬，經過汕頭、廈門、泉州、福州、寧德等城市，在福建與浙江交界處出海返航。

劉宅崇在7月31日執行C425C任務的目標則是北韓。他先沿著朝鮮半島西岸在外海上空飛行，從平壤北面進入北韓，之後沿著邊界在北韓境內繞了一大圈，最後在停戰線以北轉向西行出海回航。這也是H分遣隊在1965年唯一的一次北韓任務。

這三位新人的加入，讓第35中隊的飛行員增為六人，跟前一年短缺飛行員的窘境幾乎是天壤之別。H分遣隊抓住機會，在8月的24、25、26三天連續出了C455C、C465C、C475C三次任

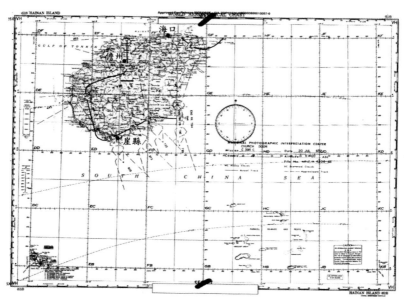

圖22：由余清長執行的C395C任務在海南島一帶的任務涵蓋圖。（CIA）

務，分別偵察廣東、海南島、台灣海峽對岸三個地區，創下H分
遣隊成立以來的最密集記錄。

　　應美國國防部長麥納馬拉之邀，蔣經國於9月中訪美。對國
府而言，此行的重要任務是促請美國讓國府出兵登陸廣東，一方
面切斷中共對北越的補給線，另一方面開始反攻戰爭。

　　9月22日，蔣經國跟麥納馬拉進行會談時，暗指國府可以對
越南提供軍事協助，並可派兵拿下廣東、廣西、雲南、貴州、
四川等西南五省，將東南亞阻絕於中共勢力之外。麥納馬拉卻

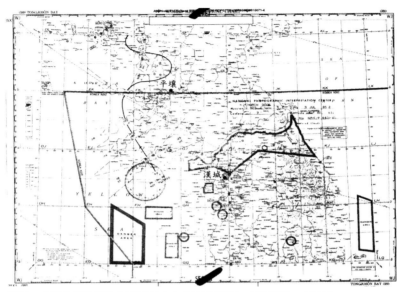

圖23：由劉宅崇執行的C425C任務在北韓西部的任務涵蓋圖。（CIA）

認為國府奪取西南五省的提議就像當年的豬玀灣事件，兩者都建立在人民會揭竿而起反抗共產黨的理想假設上，所以他建議雙方可以再研究這方面的情報，尤其是大陸人民起義迎接國府軍隊的可能性。

　　蔣經國於次日晉見詹森總統。在短短三十分鐘的會談中，蔣經國除了呈遞蔣介石給詹森的信，沒有什麼機會跟詹森深入討論國府在越南提供軍事援助與奪取西南五省的提議。美國參謀首長聯席會議後來在11月中，提出對國府奪取西南五省計畫的評估報告，參謀首長們認為國府的概念「不切實際」，而且「在軍事上

站不住腳」，所以執行起來「沒有成功的可能」。

　　蔣經國此次訪美前，雖然有很高的期望，結果卻等於碰了美
國的軟釘子。不知道是不是巧合，從他回到台灣後直到年底的這
段期間，H分遣隊沒有執行過任何台灣海峽對岸的偵照任務。

梨山1號與梨山2號

　　10月22日，王政文在一次沒有掛載相機的熟飛訓練中，隨
352號U-2墜入宜蘭外海。搜救過程中曾一度傳出部分機身殘骸
掉在陸地上，但很快就證實是誤傳。儘管有附近雷達站的駐軍目
擊，讓美方人員能定位墜海的地點，大規模的海空搜索最後只找
到兩具氧氣瓶。中情局後來派潛水人員與深海潛水裝備來台協助
搜尋，也沒有斬獲。

　　機身與飛行員都無影無蹤，讓失事原因的調查難上加難，中
情局只有依靠失事前BIRDWATCHER的資訊。王政文的U-2發出
最後一次訊號前55秒，自動駕駛已經解除，之後飛機急速下墜，
到落海前都沒有任何語音通話。在極度缺乏相關資訊的情況下，
調查小組判斷失事原因是自動駕駛接收到異常輸入訊號導致飛機
失控，而飛行員當時忙於作記錄而無法及時挽救。

　　接替納爾遜擔任中情局台北站主任的傅德（Harold P. Ford）
在10月28日向蔣經國報告美方將派專案小組來台調查王政文失事
時，另外報告了「梨山1號」（CHECK ROTE #1）與「梨山2號」
（CHECK ROTE #2）兩項由美方提案的電子設施計畫的進展。

梨山1號計畫是要建立一座「強力之雷達設施」，主要任務在偵測中共飛彈設施及試射狀況，也可以用來追蹤在大陸上空執行任務的U-2。根據美方人員的解說，「此種雷達有效距離為3000浬，不是採用直線電波，而係利用大氣層以上之離子及中子將電波反射到地面所選定之目標」，「美國在蘇俄邊緣地區曾設置此種雷達多處，故能控制蘇俄大部飛彈基地及其活動狀況」。蔣經國在5月中已原則同意美方在台設置此種雷達，在9月訪美期間也曾與中情局討論此事。傅德這次報告說，梨山1號預定於1966年8月完成，並開始運作。

　　中情局在這次會談中首度向蔣經國提到梨山2號計畫。兩項計畫的用途雖然都在監控中共飛彈試射的狀況，梨山1號使用的是高頻率，2號則使用極低頻。由於火箭發射噴出的高熱氣體與地面電場感應產生的電離子輻射，會傳播極低頻率電波。透過分析這種電波，就可以偵測出發射次數與火箭節數，連發射成功或失敗也可偵知。美方人員向蔣經國說明，美國在內華達州設置的系統可以偵測到加州范登堡基地（距離700英哩）及甘迺迪基地（距離2500英哩）發射的火箭。如果國府同意，1966年底就可以完成。蔣經國表示原則上同意，並在11月初的會談向傅德告知蔣介石已經批准。

　　從這兩項計畫可以推測，中情局考慮到中共地對空飛彈的威脅與日俱增，所以決定逐漸減少U-2在偵測中共先進武器發展上所扮演的角色，而改用更安全的偵測方式。先前已經由人造衛星提供照相情報，現在又引進訊號情報的偵測技術。

　　美國在1965年夏天擴大對越戰的介入程度，派遣更多的地面

部隊進入越南,並且首次動用B-52轟炸機。由於越戰方酣,王政文的失事並沒有讓H分遣隊停飛太久,在11月8日就由劉宅崇出動了一次雲南地區的偵察任務,11月份的其他三次任務也是以中國西南部為偵照目標。國府第35中隊在1965年執行的任務中,有將近八成是支援越戰,由此也可以看到國府在U-2合作偵察計畫中的角色轉變。

詹森總統雖然擴大越南的戰事,但另一方面,詹森政府內部也持續辯論是否要暫時停火,以利和平談判的進行。主戰派和主和派的拉鋸一直持續到1965年底,停止轟炸的主張漸漸佔了上風,詹森也相信暫停轟炸行動不僅是邁向和平的第一步,同時有助於平息美國國內的反戰聲浪。詹森總統在聖誕夜先決定停火30小時,到27日時又決定再延一個星期,最後這次停火一直延續到1966年1月底。

為了避免在停火期間影響到中共的態度,阻撓相關談判的進行,中情局副局長何姆斯(Richard Helms)在12月30日下令暫停所有H分遣隊的中國大陸偵察任務,直到接獲進一步的指示。何姆斯特別指示不可讓國府知道停飛的真正原因,因此U-2計畫總部是以目標區天氣不佳的理由,暫停安排H分遣隊的中國大陸任務。

在停飛的這段期間,中情局U-2總部曾通知H分遣隊準備在1966年1月27日執行一次北韓任務,國務院沒有表示反對,反而是中情局長雷鵬(William F. Raborn, Jr.)認為不要在這個時候無事生波而下令取消。

越南戰事升高的時候,中情局要求第35中隊的飛行員頻頻駕

圖24：1965年11月11日，中共解放軍飛行員李顯斌駕駛II-28轟炸機投誠，降落
在桃園基地。數日後，H分遣隊的美方人員獲邀參觀這架中共的轟炸機。
（Joseph Donoghue）

1966

因越戰中斷任務四個月

由於北越對詹森的停火決定沒有進一步的反應，詹森在1966年1月31日宣布恢復ROLLING THUNDER行動，不過美國的「最高當局」卻直到3月4日才准許H分遣隊開始執行作戰任務。

在停止作戰任務的期間，H分遣隊的訓練飛行依然照常進行。2月17日，吳載熙駕駛372號U-2進行訓練任務時，因尾管溫度指示表顯示超溫而關閉發動機，但迫降水湳機場失敗而撞上民宅殉職，民宅也有人傷亡。美方在3月完成失事調查報告，認定這次失事主要是飛行員在天候不佳、座艙罩起霧、而且可能已迷失方向的複雜狀況下，未能順利完成發動機熄火的降落程序所致。調查小組也建議對U-2的尾管溫度指示表作進一步的分析，同時加強地面與飛行訓練。

3月22日，在美國大衛斯—蒙森基地受訓的范鴻棣於訓練飛行中彈射跳傘後平安降落，他駕駛的美國戰略空軍363號U-2則因此報銷。調查報告指出，飛行員在練習改出失速時操作程序不當，導致飛機進入螺旋狀態而無法改出，報告因此建議發展雙座的U-2教練機，以便進行類似的訓練課程。不過更進一步的調查

卻又發現，失事這架U-2的襟翼制動器故障導致飛機的姿態不對稱，所以范鴻棣後來也獲准繼續受訓。

3月28日，H分遣隊終於執行了四個月來的第一次作戰任務（C036C），由莊人亮偵照中國的南部地區，劉宅崇在4月7日的C056C任務也是偵照這片區域。美國情報委員會延續前一年的指示，繼續要求每星期更新中國南部重點目標其中四分之一的照相情報，每個月作一次全面性的涵蓋。

余清長在4月19日的C076C任務目標區轉移到中國的東北。因為美國的情報圈在前一年的12月就想知道中共擁有的大約200架MiG-19和30架MiG-21來自何方，一般相信MiG-21是蘇聯依據中蘇決裂前的協定提供給中共的，但是對於MiG-19是不是由中共的瀋陽飛機製造廠所生產卻沒有定論。所以空中偵察委員會建議偵察中國東北，以確認蘇聯是否暗地裡對中共提供軍援，相關的情報將會影響到詹森政府的越戰政策。後來因為H分遣隊配合詹森的停火策略暫停執行中國偵察任務，所以才延到此時執行。然而由於余清長在飛行中曾偏離航線，加上雲層的遮蔽，有一部分預定的偵照目標因此沒有拍到。

中共第三次核子試爆

這段期間內，蔣經國與傅德的定期會談經常圍繞著中共何時進行第三次核子試爆的議題。雙方是在1965年11月2日的會談中首次談到這個話題，當時蔣經國指出，「根據各方面所蒐集之情

報資料，顯示共匪有于不久之將來作第三次核子試爆之跡象，但尚無有力之確證」。傅德表示美方只有發現相關通訊量有增加的狀況，但尚未獲得進一步的資訊。

此後，傅德就經常在會談提供美方獲得的最新情報給蔣經國參考。11月11日，傅德指出，「最近由華府所提供之資料，包括10月中旬人造衛星所攝之照片在內，顯示在目標地區內（即羅布泊）有三座閃光器及甚多帳篷，此種情況雖尚不能判定中共即將舉行試爆，但已有進行試爆之準備跡象」。

到了1966年2月9日，傅德帶來更多的資訊：「自1月30日起西北地區中共各氣象台改報低空氣象，並且24小時工作，每小時報告一次，此種現象與中共一二次試爆前數周相似」，不過中共前兩次試爆前高空氣流報告和運輸機活動頻率提高的現象則還沒有發生，因此「美方認為中共第三次試爆之準備仍在積極進行，試爆之時間已逐漸接近，但尚需數周之距離」。

針對蔣經國所問，美方對共匪第三次試爆之性質及方式的看法如何，傅德答覆：「去年12月31日自人造衛星偵照之照片在目標區發現有類似鐵塔之建築，但因照相不夠清晰，尚難判定」。美方對中共第三次試爆的核彈種類與試爆方式還沒有肯定的判斷，但傅德個人認為，中共第三次試爆的構造精度及威力可能較前兩次試爆更為進步，而且很有可能這次會試爆熱核彈（氫彈）。

傅德在3月24日根據2月份的人造衛星照片向蔣經國報告：「在試爆地區發現有類似鐵塔之建築物，幾可認定中共三次試爆將為地面試爆」，只是試爆區內各項工程尚未完成，所以短期內還沒有試爆的可能。不過3月發射的人造衛星發現中共的人員正

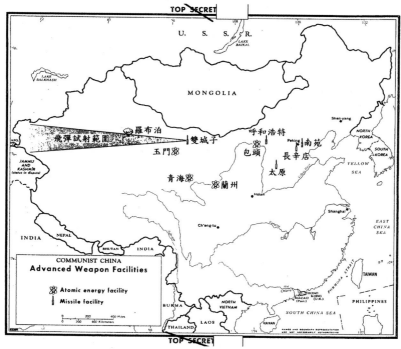

圖25：中情局在1966年繪製的中共先進武器設施位置圖。（CIA）

在把第二次試爆時所用的圓形空投標誌重加修飾，因此傅德在4月2日向蔣經國更正之前的訊息，判斷中共第三次試爆還是以空投的可能性最大，但時間仍無法判定。

在4月17日的衛星照片中，試爆區圓形空投標誌的周圍有700個帳篷，到了4月20日，衛星照片拍到的帳篷剩下590個，中情局認為這顯示試爆準備工程已經完成。傅德因此在5月6日報告蔣經國，「美方認為中共第三次試爆即將於最近期內實施，其各項準

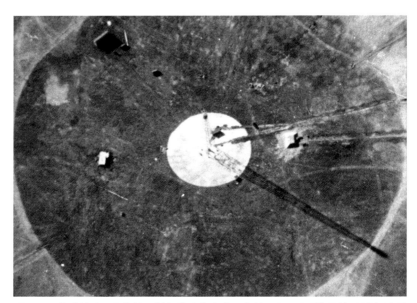

圖26：羅布泊試驗場上為核子試爆搭建的高塔，由美國GAMBIT衛星於1966年12月8日4035號任務中拍攝。（Via National Security Archive）

備工作業已完成，隨時均可舉行試爆，只是等待有利之天候」。傅德另外指出，在羅布泊附近的中共空軍基地發現有兩架Tu-16大型轟炸機。

中共果然在5月9日進行第三次試爆，而且根據後來公開的資訊，這次試爆是利用Tu-16轟炸機以空中投放的方式進行。從蔣經國與傅德交換資訊的過程來看，即使中情局的U-2有一年以上未曾深入中國西北偵照，美國透過人造衛星照片與監聽中共通訊，已經可以精確掌握中共進行核子試爆的準備進度。

中共在1966年下半又進行了兩次核子試爆，分別是10月27日

的第四次與12月28日的第五次試爆。中共宣稱第四次試爆是透過發射飛彈進行，美國推測中共是從雙城子試驗場發射一枚中程彈道飛彈，飛彈在飛行400英哩後落在羅布泊測試場東方100英哩處。美國研判中共的第五次試爆採用了更先進的二級式（two-stage）設計，因此威力更大，美國認為這是中共在發展核子武器上的重大突破。

莊人亮兩度遭飛彈襲擊

5月14日，莊人亮從塔克里基地起飛執行雲南一帶的C126C偵察任務，結果在昆明附近遭到中共地對空飛彈的襲擊，但U-2沒有被擊中。莊人亮回到塔克里後報告說他看到兩枚飛彈的凝結尾，另外可能還有第三枚。

等照片沖洗出來，發現莊人亮在昆明東北方6海浬處分別拍到兩枚飛行中的飛彈，另一張照片則有疑似第三枚飛彈的凝結尾。此外，判讀人員還在昆明西南方12海浬處發現一座地對空飛彈陣地，但初步分析結果顯示攻擊莊人亮的飛彈應該不是從這裡發射的。無論如何，這次有驚無險的任務首次證實中共在西南地區部署了地對空飛彈，U-2在這裡再也沒有如入無人之境的優勢了。

中情局在規畫C126C任務時，也規劃了目標區剛好互補的C136C任務於次日執行。執行這次任務的U-2起飛後不久，無線電就發生故障，飛行員只好折返塔克里基地。H分遣隊原本

準備延到第二天再嘗試一次，卻接到通知說國府決定取消這次任務，並指示飛行員和飛機盡速返回台灣。取消的原因是中華民國第4任總統就職典禮即將在5月20日舉行，國府不希望在此之前有掃興的意外事件發生，所以要求在就職典禮前暫停執行任務。

從6月17日開始，中情局的U-2飛行員不再由美國空軍代訓，改由位於愛德華空軍基地的G分遣隊自行訓練，後進的國府U-2飛行學員也都改在這裡受訓。原先負責訓練中情局U-2飛行員的

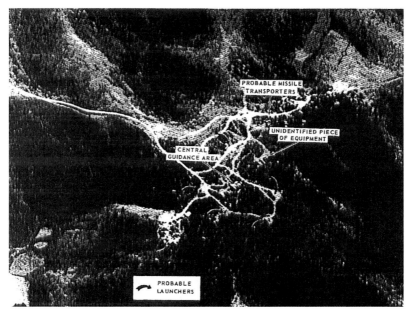

圖27：莊人亮於C126C任務中，在昆明西南方12海浬拍攝到的地對空飛彈陣地，顯示中共為了擊落U-2，將飛彈陣地設置於群山峻嶺中。（CIA）

第4080戰略偵察聯隊，也改番號為第100戰略偵察聯隊，旗下的第4028戰略偵察中隊改成第349戰略偵察中隊，繼續為美國空軍訓練U-2飛行員。

6月21日，余清長駕駛384號機實施飛行訓練時，失事墜毀在沖繩附近，不幸殉職。目擊者很快就找到余清長的遺體，機身殘骸距離他的遺體和彈射椅大約四分之一英哩，離岸只有大約20公尺。中情局事後檢查BIRDWATCHER的訊息，發現384號機是在台北時間下午2時38分20秒出現問題，當時直流與交流發電機都無作用，發動機轉速降低，自動駕駛在解除狀態。但一直到飛機墜地為止，都沒有任何語音通話。

目擊者估計飛機墜毀的時間大約是台北時間3時28分，所以中情局判斷余清長在墜毀前曾經滑翔了大約50分鐘。目擊者另外表示看到彈射椅在彈射過程中碰撞到尚未完全脫離的座艙罩，所以調查人員一度認為彈射程序出了差錯。後來確認彈射過程沒有問題，彈射椅與座艙罩並沒有發生撞擊，但余清長是在300英呎左右的高度才彈射，降落傘沒有完全張開。經過詳細調查，飛機失事的原因歸咎於發動機葉片損壞，造成動力消失。

余清長失事後，H分遣隊剩下的383和385號U-2因為事故調查而停飛到7月11日，結果造成第35中隊僅存的兩名飛行員劉宅崇和莊人亮在過去30天的U-2飛行時數不足，必須再作熟飛訓練才能執行作戰任務。等到他們恢復執行戰備，已經是7月28日了。

8月16日，劉宅崇執行C156C任務。他從海南島東南方進入，向北飛過雷州半島，此時系統出現問題，劉宅崇隨即掉頭南飛，穿越海南島東北部後返航。H分遣隊在往後的一個星期停止

戰備，中情局人員忙著將C-124載運來的348號U-2組裝，同時把383號機拆解運回美國，385號機則因為13號系統待料停飛。

8月24日，輪到莊人亮執行C176C任務，偵照廣東、廣西、湖南一帶的目標。U-2總部評估U-2在這個地區的唯一威脅是中共的MiG-21，因為過去未曾在這裡發現任何地對空飛彈陣地。不料在台北時間上午11時57分左右，莊人亮剛從廣州南面進入大陸時，12號系統的警告就響起，在他做出左轉閃避動作時看到一枚飛彈飛過，他持續左轉兩秒後準備右轉，但此時12號系統的光條又指著3點鐘到5點鐘的方向，於是莊人亮再做左轉動作，直到他朝向南方飛行，系統警告才在12時02分停止。莊人亮決定中止任務，在12時11分通知桃園，14時04分平安降落。

事後照相分析人員發現莊人亮拍到了一枚飛彈和疑似另一枚飛彈的凝結尾，還拍到攻擊他的南海機場飛彈陣地在發射前與發射後的照片，從發射架上飛彈的數量確定中共發射了兩枚飛彈。U-2總部下令H分遣隊在月底前暫停執行任務，針對最近兩次的飛彈攻擊事件深入分析。這次停飛一直持續到9月底，H分遣隊的兩架U-2也利用這段期間加裝能夠記錄各種威脅訊號的新型記錄器。

國府藉故不配合執行

白宮在9月底宣布，詹森總統將於10月23日至25日前往馬尼拉，與南越以及菲律賓、澳洲、紐西蘭、南韓、泰國等派軍隊參戰的國家領袖召開會議。詹森於10月17日啟程，除了到菲律賓開

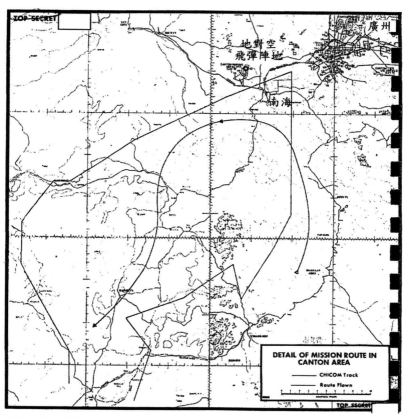

圖28：莊人亮執行C176C任務中，於廣州南海附近遭遇飛彈時所做之迴避航線。
（CIA）

會，他這次亞太之行也將前往菲、澳、紐、韓、泰、馬等國訪問。H分遣隊按照過去美國政府高層到亞洲出訪的「慣例」，接到總部暫停執行作戰任務的指示，直到詹森返國為止。

在詹森動身前，U-2總部已經規劃在10月16日執行C186C任務，但是國府卻以「沒有迫切的需求」否決了這次任務。詹森的亞太行在11月2日結束韓國的訪問後落幕，U-2總部規劃了次日執行的C196C任務，同樣遭到國府的否決。預計在11月23日執行的C206C任務，先是被國府建議延後實施，後來因為目標區的氣象預報變差而取消。

國府反而向美方要求執行一次中國大陸東部省分的偵察任務，國府提出的首要目標是下列七個位於浙江、福建、江西的機場：路橋、寧波、衢縣、崇安、惠安、南昌、樟樹。中情局過去曾同意定期更新這個地區的照相情報，所以沒有拒絕國府的要求，而且在規劃航線時還想辦法順道多偵察幾個列在空中偵察委員會目標清單上的地點。

這次任務編號為C216C，由劉宅崇在11月26日執行。由於13號系統在途中發出過熱的警示，劉宅崇剛進入江西就被迫折返，名列國府首要目標的七座機場只拍到路橋、寧波、衢縣、崇安。從美方的角度來看，這次任務並非全無價值。崇安機場是第一次被U-2拍到，讓美方得以建立這座機場的基準照相情報。在福建寧德外海的三都島海軍基地則發現四艘疑似KOMAR級飛彈快艇，分析人員認為光是這些飛彈快艇的照片就讓這次任務值回票價。

11月30日，國府再度要求派遣U-2偵察廣東、江西一帶，首要目標是惠陽、新城、興寧三座機場，U-2總部通知H分遣隊在12月2日執行這次C226C任務。到了任務的前一天，國府又通知中情局取消這次任務，原因是對這些目標的情報需求不是那麼急

迫，並建議執行日期最好跟C216C相隔久一些。由於國府的理由有些牽強，中情局裡有人猜測國府可能是對H分遣隊要在12月4日部署到塔克里基地進行訓練的決定過程感到不滿。

結果H分遣隊的下一次任務真的間隔較久，因為美國國務卿魯斯克從12月5日到12日有一趟亞洲之行，中間還要訪問台灣，按往例不在這段期間排定H分遣隊執行任務。魯斯克結束亞洲的訪問後，U-2總部通知H分遣隊準備在12月21日執行偵察中國大陸西南部的C236C任務。但是到了任務當天，國府都還沒有批准，原因是聯絡不上「政府高層」，中情局只好先把任務延後24小時，最後還是因為得不到國府的批准而取消C236C任務。

國府空軍在27日告訴H分遣隊美方人員說，C236C任務已經得到高層批准，請中情局另外排定日期執行。但是國府方面又在同一天通知美方，國軍將於12月31日到1月2日舉行重要集會，在塔克里待命的兩位飛行員必須在31日上午以前回到台灣，以便參加國防部的典禮。這等於是暗示美方不用想要執行這趟任務了。

國府同時要求中情局排定日期，對之前被取消的C226C任務所規劃的目標執行偵照，H分遣隊因此接獲指示準備在29日進行C246C任務。但是到了28日，國府通知美方取消此次任務，原因是中國國民黨第九屆四中全會正在進行，時機較為敏感，另外蔣經國也因為參加全會而無暇仔細評估這次任務。

於是1966年就在國府一連串的消極阻撓動作中結束。中情局特別統計出H分遣隊在這一年內接獲二十四次待命通知，其中有四次因天氣因素取消，中情局長下令取消一次，但有高達十次任務是國府方面要求取消，而且有一半集中在最後的兩個月。這一

年下來，第35中隊實際上只執行了九次作戰任務，是快刀計畫進行以來的最低點。

蔣經國與中情局的攻防

　　國府方面的動作，中情局都看在眼裡。事實上，中情局在魯斯克的12月亞洲行之前，就提供一份回顧中情局與國府合作關係的備忘錄給魯斯克作為訪台前的參考資料。這份備忘錄指出，中情局跟國府之間的合作關係大約在1964年到達一個頂點，之後就開始慢慢走下坡。中情局認為其中的主要原因，一方面是中情局減少對國府大陸突擊行動的支援，另一方面是中情局台北站的縮編改組，讓國府以為這些是美國開始要疏遠國府的前奏。

　　不過中情局也指出，國府在高空偵察、通訊情報蒐集、設置偵測中共飛彈的遠距離雷達這三項重要計畫上，依然保有良好的合作關係。中情局所指的高空偵察，就是以U-2執行的TACKLE計畫；通訊情報蒐集則應該是指中情局協助台灣設立的電訊發展室，中情局曾在1963年提供一部IBM電腦，以提昇該單位的技術能力，後來並陸續提供技術協助；遠距離雷達就是中情局在1965年5月請求執行的梨山1號計畫。

　　中情局認為對國府傷害最大的，應該是美國情報委員會在1966年中決定日後終止中情局與國府空軍第34中隊合作的GROSBEAK計畫，這個決定是基於GROSBEAK計畫獲得的成果

跟人員犧牲的慘重不成比例。中情局盤算過，P2V-7U在此之前的兩年內只出過兩次GROSBEAK任務，顯然國府對於人員的損失也有顧慮，所以此時終止計畫雖然會讓國府認為美國有心疏遠，但國府終究會接受這個決定。

回顧雙方過去對這項計畫的攻防過程，蔣經國自從1964年6月一架P2V-7U被中共擊落後，就多次拒絕中情局恢復任務的要求。蔣經國在1965年3月3日告訴中情局台北站長納爾遜，在上一次P2V-7U被擊落後，他曾希望美方改進其安全設備，這次他強調如果再因任務而損失，「可能對中美兩國之利益及兩國間之關係，產生不良後果」。蔣經國還抬出蔣介石來，說總統曾經表示，「如果為達成特定任務，而有執行此一計畫之必要時，可同意實施，但需先改進機上安全設備。」

中情局台北站因此特地在1965年3月17日為蔣經國進行一次P2V-7U計畫的簡報，蔣經國特別詢問P2V-7U的情報價值、自衛與安全防護措施，甚至還問能否減少機員的人數（中情局認為只能從原有的13人減為12人）。最後他再次強調「深盼在恢復該項任務之前，對於人機之安全應事先有所改進。而執行任務之個案計畫，亦應審慎考慮策定。」納爾遜回覆說：「爾後執行此項任務之安全問題，麥康局長及卡德將軍均一再保證，將個案審慎考慮，且執行任務之建議，亦必在確實有必要而認為有其重要性者，並經麥康局長親自認可後，再向中方提出，亦至慎重。」

兩天後，蔣經國在會見中情局遠東區主管柯比（William E. Colby）時，終於鬆口說「原則同意恢復P2V執行任務之計劃」，蔣經國也表示這包括未來美方將提供的P-3A任務。不過

蔣經國口中的「原則同意」顯然內有玄機，因為到了1965年9月，納爾遜的接班人傅德還在懇求蔣經國恢復第34中隊的對大陸任務，但蔣經國仍然「主張保留本人於三月間所希望獲得之安全保障」。蔣經國在11月詢問傅德P-3A何時可以抵台，傅德回答之後，又提到P2V-7U執行任務的事。

直到1965年12月20日，34中隊的P2V-7U才再度執行大陸空投任務。中情局為表示慎重，除了由傅德向蔣經國致謝與祝賀，局長雷鵬還致電給蔣經國。之後又是六個月的任務空窗期，到美國情報委員會決定終止GROSBEAK計畫前，P2V-7U才在1966年6月15日執行了最後一次大陸任務。

從這段過程來看，過去的兩年間，一直是中情局要求執行P2V-7U任務，但大部分時間都碰了蔣經國的軟釘子。所以中情局推測國府最後會接受取消GROSBEAK計畫的決定，看起來不無道理。只是蔣經國對這項決定的反應依然非常激烈，中情局的這份備忘錄提到，蔣經國要求美方先提出一份終止計畫的意願書，雙方再來談如何為這項計畫收尾，蔣經國甚至曾建議把U-2偵察合作計畫也一併停掉。

這份備忘錄中明確指出，中情局的底線就是要盡力維護高空偵察、通訊情報蒐集、遠距離雷達這三項合作計畫的順利進行，如果國府想對這三項計畫做出任何不利的動作，中情局會全力減低這些動作的衝擊。但是對於其他比較次要的合作案，中情局就不那麼在意。備忘錄最後建議魯斯克在訪問台北期間，不要向國府提到這些議題，但如果國府方面提起，則請魯斯克表達美方對這三項計畫的重視。

魯斯克在12月9日結束三天的訪台行程後，中情局遠東區的主管柯比接著抵達台灣，並在12日拜會蔣經國。在兩個小時的會談中，蔣經國大部分都在談GROSBEAK計畫的事。柯比回到美國後，在29日跟國務院主管遠東事務的幾個官員開會討論他的台北行。他比較擔心近來國府故意阻撓U-2任務的動作，不過他認為情況還不到最嚴重的地步，唯有國府全面斷絕情報合作，才會對中情局的特種情報蒐集活動造成明顯的傷害。

1967

計誘地對空飛彈

1967年1月3日，H分遣隊開年後的第一次任務因為多項系統故障而以Abort收場，但是第二天隨即成功的完成一次廣東、江西的C027C偵察任務，拍攝到的目標包括前一年8月襲擊莊人亮的廣州南海機場飛彈陣地。

H分遣隊的下一次任務也跟莊人亮被南海機場的飛彈攻擊有關，中情局不僅早在前一年的11月就著手準備，而且還賦予了SCOPE SAVAGE的行動代號。

SCOPE SAVAGE行動的目的，是蒐集中共地對空飛彈系統雷達的電子訊號，作為美軍發展反制系統的參考。執行的方式是讓一架U-2和一架Ryan 147G無人偵察機同時升空，U-2佯裝要進入中國領空，但實際上是由Ryan 147G飛進大陸。這架Ryan 147G加裝了電子偵察裝置，並且能將它接收到的雷達參數傳到附近空域的美國空軍RB-47H偵察機。

美國空軍過去曾經執行過性質類似的UNITED EFFORT計畫，但不需要U-2協同執行，而是在擔任誘餌的Ryan 147E上加裝放大雷達反射訊號的行波管，使它在雷達上看起來類似U-2。美國空軍經歷過幾次失敗的任務後，在1966年2月13日終於成功的

蒐集到多項北越地對空飛彈的參數。雖然這架Ryan 147E被北越的飛彈擊落，在它「殉職」前所蒐集到的參數就值得整個無人飛機計畫的投資。SCOPE SAVAGE行動的Ryan 147G上可能使用的是中情局發展的電子偵察裝置，而非美國空軍的裝備。

中情局在1966年11月11日向303委員會報告SCOPE SAVAGE行動的規劃，當天就獲得批准。在準備的過程中，中情局決定除了RB-47H之外，也讓美國海軍的EC-121「共襄盛舉」，一起擔任接收的平台。而Ryan 147G要挑釁的對象，就是部署在廣州南海機場的飛彈陣地，預計在格林威治時間13日20時50分（台北時間14日凌晨4時50分）飛到目標區。

配合SCOPE SAVAGE行動，H分遣隊在1月11日接到待命執行C037C、C047C兩次任務的通知。中情局極有可能曾特別向蔣經國報告這次行動的重要，所以任務沒有被國府否決。不過從解密的文件來看，國府方面應該只是配合執行，參與的程度不深。

執行C037C任務的U-2順利在格林威治時間12日17時54分起飛，22時15分返航降落。這次任務應該是一次預演，也有可能藉此向中共「預告」U-2的航線，以確保他們在正式任務當天會動用飛彈。不料就在C047C正式任務的前一天晚間進行測試時，發現Ryan 147G跟RB-47H之間的資料傳輸有問題，因此延後48小時執行。

在這等待的空檔，美國國務院重新評估了SCOPE SAVAGE行動的必要性。由於有其他情報來源顯示南海機場這座陣地上的飛彈系統已經移走，國務院衡量這次行動可能引發的政治效應後，在最後一刻下令中止執行。

重簽快刀計畫協定

國府雖然沒有阻擋SCOPE SAVAGE行動的兩次任務，但1月份下半的四次任務計畫就全部被國府打了回票。而不知是巧合還是中情局想以牙還牙，新竹基地34中隊的P2V-7U和P-3A被美方人員在1月底無預警的飛走。

到了2月，原訂於4日執行的C097C任務先是因為等不到國府的批准而延後一天，後來也被國府否決了。過完9日到12日的春節假期後，H分遣隊的作戰任務完全陷入停滯，國府要求與美方重新簽訂合作協定後才能恢復。

國府空軍跟美國陸軍技術組從2月中旬開始針對快刀計畫協定的修訂進行協商，儘管之前國府在核准任務時處處刁難，商討協定的進度卻出乎意料的順利，雙方在3月上旬就對協定內容達成共識，3月17日完成簽署，並於次日生效。

由於蔣經國在前一年曾經拒絕美方片面決定終止GROSBEAK計畫，並且要求美方先提出一份終止計畫的意願書，所以修訂後的《美中快刀計畫協定》特別詳細訂定了計畫終止的條件與流程。相關的條文翻譯如下：

「有效期間：本協定之有效期間為三年。雙方必須在本協定到期前三個月完成相關的檢討與協商，以決定本協定是否延續。（如任何一方基於新的特殊情況而認為有必要重新審視本協定是否延續，應在本協定生效日起12個月後進行檢討與協商。在此情

況下，如其中一方希望不再延續本協定，雙方必須共同商討以決定本計畫的未來。如任何一方在經過三個月的商討後依然希望終止本協定，本協定即於三個月後失效。）」

協定的其他條文主要說明雙方在計畫執行上的權利與義務，以下摘錄部份內容作翻譯。

「特殊工具[17]與裝備：……2）如果作戰任務以台灣作為出發與返回的地點，則特殊工具將採用中華民國空軍的標誌與序號，但由美籍飛行員執行的作戰任務除外。3）美國保留把特殊工具移作執行美國所需任務的權利，但應先知會中華民國空軍。一般至少會保留兩架特殊工具，以滿足本協定之目的。……」

「作戰與訓練：……2）雙方共同訂定彼此同意的目標清單，並得於雙方同意後修訂。美方負責依據共同目標清單規劃作戰任務。3）任何一方均得提出作戰任務的需求，於雙方同意後執行。雙方同意執行適當次數的任務，以滿足共同的需求。……7）照相任務的成果一般交由中華民國空軍調製，並將原版底片提交美方。如有特殊需求或情況，美方得在他處調製照相成果後將複製底片提供中華民國空軍。每次任務之照相判讀報告將由美方提供中華民國空軍。……」

「人員與保防：……3）如中華民國空軍之特殊工具飛行員在執行雙方共同同意之訓練或作戰任務中死亡或殘廢，美國將提供死亡或殘廢的補助。相關細節另以協定訂之。……」

---

[17] 原文為special instruments，其實就是指U-2。

新協定的簽署打開了僵局，也讓前一年就已結訓返台的范鴻棣終於有上場的機會。3月28日執行的C117C是新協定生效後的第一次任務，也是范鴻棣個人的第一次U-2作戰任務，他從汕頭南面進入中國大陸，之後一直保持在距離海岸線30海浬以內的陸地上空飛行，到福建與浙江交界處出海返航。不過從蒐集情報的角度來看，這次任務不算成功，一方面因為實際的天氣比預報還要差，另一方面是范鴻棣在過程中不小心把相機的Mode開關切到Standby的位置，而相機本身也有故障，導致相片的品質不良。

　　劉宅崇在4月9日執行偵察海南島、廣東的C147C任務，除了照相成果相當不錯，也完成他個人的第十次U-2作戰任務，正式從任務飛行員的行列「畢業」。

　　原訂4月6日執行的C137C任務因為天候不佳取消，改成13日執行的C157C任務，飛行員是范鴻棣。這次的航線在中情局內部稱為「北部潛艦基地航線」，因為路線的設計目的是為了涵蓋中共在大連、青島、上海一帶的潛艦基地。由於天氣比預報稍佳，照相的效果因此相當良好，除了潛艦基地之外，還拍攝到幾處反艦飛彈的基地。

　　新獲選為U-2受訓學員的黃七賢與李伯偉在4月下旬抵達美國，準備接受一連串的測驗與訓練。劉宅崇完成十次任務後並沒有離開35中隊，他後來前往愛德華空軍基地，協助黃、李兩人的U-2地面與飛行訓練。

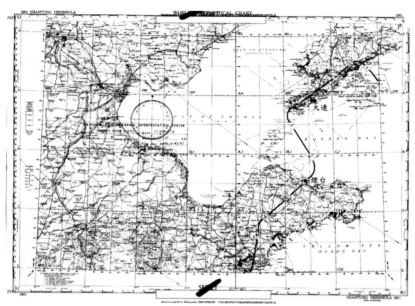

圖29：由范鴻棣執行的C157C任務在山東與遼東半島一帶的任務涵蓋圖。（CIA）

TABASCO二訪羅布泊

　　4月份還有另一組第35中隊的隊員在美國參與極機密的TABASCO計畫的訓練飛行，分別是曾兩度遭遇飛彈攻擊的莊人亮和新近完成U-2飛行訓練的張燮。這項計畫準備用U-2掛載裝設感測儀器的莢艙深入羅布泊試驗場投放，儀器會記錄中共試爆的相關數據並轉換為電波傳送，美國藉此就可以更進一步了解中共核子裝置的特性。

TABASCO計畫在1966年上半就已經展開，中情局的G分遣隊在美國境內飛過幾次試投任務，成效有好有壞，但1967年3月1日的一次成功試投提高了計畫人員的信心。前一年8月運回美國的383號U-2被指定為任務機，由洛克希德公司在機上加裝了都卜勒導航系統（Doppler Navigation System），原有的六分儀依然保留，作為備用。因為每具莢艙重達285磅，在翼下帶著兩具「拖油瓶」執行TABASCO任務的U-2不攜帶主要相機，只配備T-35航跡相機，以減輕重量。

　　羅布泊遠在從桃園出發的U-2航程之外，所以中情局決定讓TABASCO任務從泰國的塔克里基地起飛。從這裡出發的U-2即使加滿了燃料，也必須以最大航程的航線執行任務，在爬高到安全高度之前就得進入大陸，以免浪費過多燃料。中情局估計，飛機在穿越邊界時的高度只有60,000英呎。

　　為了避免U-2在爬高過程中的凝結尾被中共發現，中情局規畫在夜間起飛，選這段時間的另一個用意是投放時的陽光角度正好可以照射到莢艙，讓機上的航跡相機可以拍攝投放的過程。

　　經驗老到的莊人亮獲選為執行任務的飛行員，張燮則是後備。他們在3月底飛抵美國，美方人員為他們每個人規畫了六次訓練任務，包括兩次T-33夜航訓練、一次U-2低空夜航訓練、一次U-2高空都卜勒日間航行訓練、一次U-2高空都卜勒夜間航行訓練、一次U-2任務模擬訓練，訓練任務特別加強夜間飛行。

　　4月下旬，383號U-2由美籍飛行員從美國飛到塔克里，中情局另外從桃園調了373號機過去作為預備機，莊人亮、張燮跟其

他任務相關人員搭運輸機抵達。人員、飛機、裝備在塔克里待命了好幾天，等待目標區的天氣好轉。5月6日，氣象預報終於顯示羅布泊將於次日放晴。

台北時間5月7日凌晨3時20分，莊人亮起飛執行C167C任務，他駕駛的383號U-2尾翼上漆了3517的國府空軍序號。在進入中國大陸上空前，莊人亮發現他的飛機拖著明顯的凝結尾，按規定可以在這時候就終止任務返航，但他決定繼續下去。所以往後的一個多小時裡，莊人亮讓飛機不時做出左彎或右彎的動作，藉以確定是否有中共的戰鬥機跟著。莊人亮抵達羅布泊地區後，在台北時間上午7時39分17秒先投下左翼下的莢艙，49秒後再投下右邊的莢艙。

在規劃C167C任務的過程中，中情局擔心U-2會燃料不足，選定了緬甸北部的密支那（Myitkyina）作為備降地點。莊人亮在去程中因為不時隨機的小轉彎而多消耗了一些燃料，所以他在回程時決定修正航線，直接往塔克里飛。台北時間正午12時02分，莊人亮終於安返塔克里。但是地面人員準備將航跡相機的底片送交待命中的C-130時，發現航跡相機在莊人亮啟動後不久就發生故障，只拍下十張照片，中情局因此無法確實判斷兩具莢艙投放的狀況。

C167C任務落幕後，H分遣隊進駐塔克里基地的小組沒有馬上撤離，擔任預備駕駛的張燮就從這裡執行了他個人的第一次U-2作戰任務（C177C），偵察雲南一帶的目標。由於接下來的天氣一直不理想，383號U-2先於5月25日飛返台灣，整個小組和作為預備機的373號U-2則在31日全部撤離塔克里。

中情局在6月30日發布了一份備忘錄，證實中共已於6月17日再次進行核子試爆，使用的是二級式設計的熱核裝置（氫彈）。中情局掌握到的證據顯示，這次試爆是從Tu-16轟炸機上投放，在11,000英呎的空中爆炸。中情局的訊息是否代表莊人亮投下的感測儀器已經發揮作用？

　　事實不然，美方設置的地面接收站一直沒有收到這兩具萊艙發出的訊號。中情局因此決定由U-2搭載詢問系統（interrogator）再執行一次羅布泊任務，透過拖曳天線對地面上的萊艙發出詢問訊號，利用這樣的詢答方式確定萊艙是否正常運作。在美國測試完成的詢問系統於8月初運抵桃園，裝設在383號U-2後，開始進行試飛。8月27日，H分遣隊的人員和飛機再度進駐塔克里基地。

　　台北時間8月31日凌晨3時36分，張燮從塔克里起飛執行C287C任務，直飛羅布泊。上午7時左右，張燮飛到青海的格爾木附近，12號系統和新配備的OSCAR SIERRA飛彈警告系統突然發出警示，13號系統也開始反制，張燮按規定作出迴避。二十幾秒後，兩枚飛彈分別在張燮的左前方和右後方爆炸，但飛機安然無恙。

　　張燮沒有中斷任務，繼續往目標區飛去。在目標區上空時，座艙內詢問系統的綠燈亮起，表示接收到萊艙發出的訊號。張燮完成預定的迴轉後，開始返航。中午12時42分，張燮降落在塔克里基地，完成9小時又6分的任務。

　　當航跡相機的照片沖洗出來，判讀人員發現照片因為雲量過多加上曝光不正確而沒有進一步分析的價值。另一方面，中情局深入檢驗詢問系統的記錄後，才發現綠燈亮起並不是因為接收到

莢艙發出的訊號，而是在莢艙設定發射電波的頻率上收到人為發送的摩爾斯電碼，偵測莢艙依然無聲無息。

這兩具莢艙是不是早就被中共發現？摩爾斯電碼是不是中共故弄玄虛的假訊號？有待後人進一步考證。

從飛行人員的角度來看，莊人亮和張燮都圓滿達成被交付的任務。但如果以情報蒐集的觀點來評斷，兩度深入羅布泊的TABASCO計畫終究以失敗收場。

BLACK SHIELD行動

6月5日，以色列跟周圍阿拉伯國家之間爆發衝突，原訂於8日執行的C207C任務因此被國府否決。國府之後又再以相同的理由否決了預計在10日執行的C217C任務。這次以阿衝突在六天後就結束，史稱「六日戰爭」。但是國府依然不願在中東危機真正解除前讓35中隊執行任務，所以H分遣隊到6月底為止，都沒有再接到待命的通知。

直到7月20日，才由范鴻棣執行偵察海南島、廣西、廣東一帶的C237任務。這架U-2進入中國領空不久，就兩度遭遇中共戰機鑽升攔截，其中以第二次的情況最為驚險。當范鴻棣發現時，這架敵機已經鑽升到7點鐘方向的上方1000英呎處，之後從U-2前面2000到2500英呎處失速下降，范鴻棣沒有作任何閃避。范鴻棣在任務歸詢時表示這架敵機閃閃發光，而且跟F-4C一樣都有大型的尾翼，雖然他認為有可能是一架MiG-21，但並非十分肯定。

C237任務特別之處，是在任務進行中的同時，一架美國空軍的Ryan 147無人偵察機和一架中情局的A-12偵察機，也在北越上空分別執行BSQ-190-V638和BX-6710任務。早在1965年3月，當時的中情局長麥康在跟國防部正、副部長召開的一次會議中，指出中共的SA-2地對空飛彈和MiG-21已經對H分遣隊的U-2構成嚴重的威脅，以致U-2在中國大陸上空的活動範圍越來越小，因此建議把A-12部署到亞洲，執行中國大陸偵察任務。

　　這次會議並沒有做出部署A-12或讓A-12執行任務的決定，但三個人決議盡快在沖繩嘉手納基地展開部署前一切必要的建築工程與準備措施。四天後，中情局的特種活動室完成了一份稱為BLACK SHIELD行動的A-12部署計畫，根據第一階段的規畫，3架A-12和225名人員將進駐到嘉手納基地，在一年內進行兩次為期60天的部署。如果第一階段一切進行順利，就會在嘉手納建立長期據點。

　　到了1965年夏天，北越引進的SA-2地對空飛彈開始也對執行TROJAN HORSE行動（LUCKY DRAGON行動的新名稱）的美國空軍U-2造成威脅，國防部長麥納馬拉因此向新任中情局長雷鵬探詢A-12在北越上空執行任務的可行性，但仍沒有決定正式部署的行動。1965年11月底，303委員會否決了以A-12飛越中國大陸和北越的部署提案，但指示中情局應該要建立起快速反應的能力，以便在接到命令後的21天內將A-12部署到沖繩。

　　進入1966年後，雷鵬好幾次在303委員會中建議部署A-12，用以偵察中國大陸南部和北越的目標，但都未能得到多數委員的同意。持反對意見的國務院和國防部都認為政治上的風險遠遠高

過這些情報的重要性，一旦讓日本在此時知道美國在沖繩部署這種飛機，反而會壞了大事。

到了1967年5月，狀況有了轉變。由於擔心北越會引進蘇聯的地對地飛彈，詹森總統下令研究偵測這些飛彈系統的方法。中情局仍然建議使用A-12，而這回詹森終於同意。

BLACK SHIELD行動從5月17日開始部署作業的同時，美國除了向日本首相、泰國總理告知這項行動，也通知了中華民國總統與國防部長、空軍總司令。由於這次部署行動的目標是北越，不會飛越中國大陸，所以中情局並沒有打算使用台灣的基地作為任務的出發或返航地點。但是中情局仍然讓國府知道這些漆著美國空軍標誌的A-12實際上是由中情局飛行員駕駛，也希望國府在A-12因緊急狀況迫降台灣時能如同以往提供必要的協助。

5月31日，131號A-12在雨中從嘉手納起飛，執行編號BSX-001的首次BLACK SHIELD任務。在進入北越上空前，這架A-12先從海南島南方海面上通過，拍下了陵水和榆林地區的照片。雖然中國大陸已經不是BLACK SHIELD行動的主要目標，A-12在貼近中越邊界飛行時，它的相機依然能夠涵蓋部分中國境內的目標。在BLACK SHIELD行動的二十餘次北越任務中，A-12也曾幾次因為速度太快（超過三倍音速），在迴轉過程中不慎越過邊界進到中國領空，但是中共從來沒有對A-12發射過地對空飛彈[18]。

---

[18] 1966年12月，雖然美國空軍以A-12為本而發展的SR-71偵察機尚未正式服役，但是美國總統詹森為了節省開支，下令中情局於1967年底之前終止A-12的OXCART計畫，由空軍的SR-71接替其任務。BLACK SHIELD行動的最後一次北越任務是在1968年3月8日執行，A-12在同年5月6日完成北韓偵察任務後，BLACK SHIELD行動宣告結束，A-12也在稍後遭到封存。

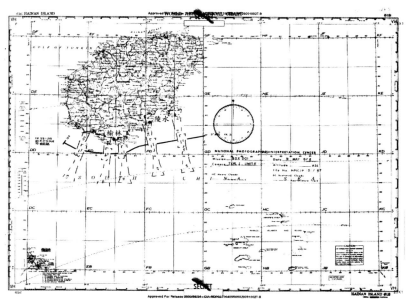

圖30：A-12偵察機在執行BLACK SHIELD首次作戰任務BSX-001時，從海南島南
部海面飛過。A-12不需進入中共的領空，即可拍攝陵水和榆林地區的照片。
（CIA）

黃榮北被擊落殉職

　　8月10日，在3月份完訓返台的鄒燕錦經過了四個多月的熟
飛訓練，終於輪到執行他個人的首次U-2作戰任務。這次短程的
C257C任務的目標區是中國東南沿海一帶，除了美方指定的目
標，另外包括以下六個國府要求涵蓋的機場：台山、路橋、福
州、龍田、惠安、晉江。鄒燕錦從杭州灣的南面進入大陸，之後

在短短20分鐘內就看到三批中共的戰鬥機，第二批的其中一架曾試圖鑽升攔截，迫使鄒燕錦採取迴避動作。後面的航程就沒有共機的干擾，鄒燕錦沿著海岸以曲折的航線往南飛，在福建與廣東交界出海返航。

　　H分遣隊的下一次任務是8月20日執行的C267C任務，由當時最資深的飛行員莊人亮負責，這也是新發展的H型相機首度用於作戰任務。這款配備66英吋長焦距鏡頭的相機號稱有6英吋的解析度，相較之下，原來的B型相機在垂直照相時最好的解析度只有17英吋。不過因為H型相機體積龐大，U-2C的Q裝備艙底部的空間塞不下原有的T-35航跡相機，所以反而需要利用Q裝備艙兩側的空間各裝一具T-35相機，分別以左右兩個角度拍攝。還好T-35相機只有12磅重，多裝一具對重量的影響很小。

　　H型相機的服役，代表H分遣隊的任務類型開始轉變。原先使用的B型相機可以涵蓋到左右兩側的地平線，因此非常適合對大範圍的地區作搜索式偵照，以找尋未知的目標。中情局過去能在中國大陸廣闊的土地上發現中共研發各型先進武器的設施，B型相機居功厥偉。如今中情局所要的是特定目標的技術情報（technical intelligence），以及監控中共戰鬥序列（order of battle）的變化，所以需要H型相機的高解析度來取得更精細的照片。

　　H型相機在以最大傾斜照相角度（70度）拍攝時，仍有19到39英吋的解析度，因此U-2不需進入中國大陸上空，就可以對沿岸陸地進行照相作業。莊人亮這次執行的C267C任務都在外海上空跟海岸線保持10到15海浬的距離，從溫州附近開始偵照，一直到香港西南方的陸地為止。

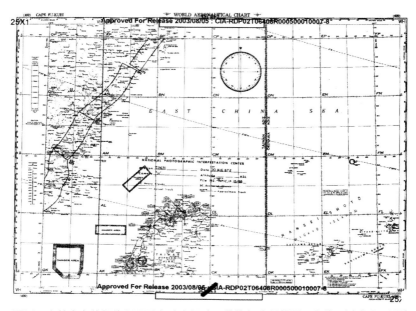

圖31：由莊人亮執行的C267C任務在福建一帶的任務涵蓋圖。由此可以發現，H型相機的掃瞄帶寬度（swath width）較窄，不適合作大範圍的搜索式偵照。（CIA）

　　跟鄒燕錦一同赴美受訓的黃榮北，要等到9月8日才有機會上場。事實上黃榮北負責的C297C任務在前一天已經執行過，但是起飛後45分鐘，機上的某項系統就發生故障，姓名並未解密的飛行員四度重啟系統都失效，任務被迫取消，延到第二天以相同編號執行。中情局的照相判讀人員在這次任務前，曾對航線周圍30海浬區域的最新空照作過搜索，只在上海附近發現有兩座飛彈陣地。另外針對上海、杭州、嘉興、路橋、連城、福州、龍田方圓50海浬擴大搜索，除了前述的兩處陣地，並未發現其他的地對空飛彈。

黃榮北在8日接手重飛這趟任務的路線，於上午9時30分駕駛373號U-2從桃園起飛。10時55分自上海北方25英哩處進入大陸上空後，13號系統就持續作用，黃榮北通過上海後改以東南向飛行，同時跟已知的兩座飛彈陣地保持25英哩以上的距離。在到達海岸前轉向西南，通過嘉興機場上空後，機上的OSCAR SIERRA系統在11時29分57秒開始發出警告，12號系統高頻警示在11時30分22秒時也跟著亮起，11時30分38秒後就音訊全無，H分遣隊通訊站連續發出訊問，都沒有回音。當時黃榮北的位置是在北緯30度38分、東經120度25分，也就是在嘉興的西南方附近，中情局判斷他已經被飛彈擊落。

　　黃榮北失事後，中情局再對杭州與嘉興一帶的空照作更仔細的搜索，終於在嘉興機場東北角發現利用現有露天機堡設置的地對空飛彈陣地。由於U-2上次對此地的偵照是王政文在兩年前的8月26日執行的C475C任務，照相情報已經過時，所以只有解析度較差的CORONA衛星KH-4任務的照片可供利用。而這座陣地又是利用機堡設置，與SA-2飛彈陣地常用的六角形外觀差異甚大。兩項因素加在一起，讓判讀人員沒有在第一時間就發現這座陣地，導致中共抓到擊落U-2的機會[19]。

　　H分遣隊因為這次事件再度暫停作戰任務，從10月1日到年底的三個月間，只有莊人亮在12月13日執行了偵察山東、江蘇、浙江一帶的C327C任務，而且還是以H型相機進行的外海傾斜照相，沒有進入中國大陸上空。中情局另外排定的五次任務，不是天氣不佳，就是因為被國府否決而取消。

---

[19] 這是H分遣隊的U-2最後一次被中共的飛彈擊落。

1968

最後一次飛入中國大陸

　　張燮在1968年1月5日執行他個人的首次H型相機外海斜照任務（C018C），目標包括國府要求偵照的汕頭、路橋、晉江、惠安、龍田等五座海峽對岸的機場。接下來H分遣隊預定要執行的C028C和C038C任務都因為天氣因素取消，1月19日的C048C東北偵照任務則因為目標區天氣變壞而中途折返。中情局在30日將385號U-2從美國飛到桃園，遞補黃榮北失事時駕駛的373號所留下的空缺。

　　1月30日也是農曆猴年的新年，打了三年多的越戰過去在春節期間都會暫時停火。但是1968年1月30日午夜過後，數萬名越共和北越正規軍分頭進攻南越的一百多個大小城市，甚至攻到了位於西貢的總統府和美國大使館。越共和北越正規軍的人數後來增加到八萬多人，他們發動這次史稱「春節攻勢」（Tet Offensive）的大規模攻擊行動，是企圖在南越造成動亂不安，瓦解南越人民的士氣，為北越在未來的談判中取得上風。

　　美國303委員會在2月1日的會議中，取消原先已經核准H分遣隊在2月份執行的一批任務，並決定「在這段緊張的期間裡」要對偵察任務逐次進行個別審核。在美國高層的官員中，國務卿

魯斯克特別堅持暫停這些U-2任務，因為他認為前幾個月裡的無人飛機對大陸偵察任務，加上轟炸北越的美軍飛機無意間飛進中國領空的次數，會讓中共認為美國在故意挑釁。

H分遣隊直到3月14日才再度接到待命通知，準備在16日執行C058C任務，主要目標區是中國的雲南和北越、寮國，目的依然是提供越戰相關的情報。執行這次任務的范鴻棣從塔克里基地起飛後，在第三和第四段航程偏離了航線，接下來因為OSCAR SIERRA系統的警告而決定跳過蒙自地區。當他沿著中越邊界往西飛行時，一架試圖攔截的MiG-21鑽升到他的上方1000英呎，

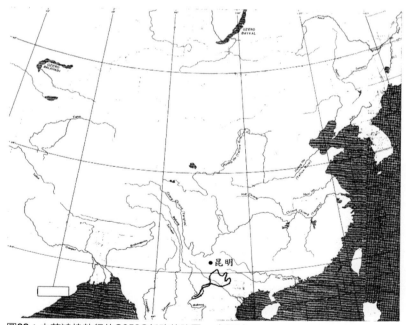

圖32：由范鴻棣執行的C058C任務航跡圖。（CIA）

但是范鴻棣沒有閃避。後續航程的目標區上空不時有雲層遮掩，直到進入北越和寮國後，天氣才好轉。

美國時間3月31日晚間9點，詹森總統發表電視談話，宣布暫停對北緯20度以北地區的轟炸行動，並且宣示他將不會尋求連任。在晚間11時舉行的記者會中，詹森保證會在他剩餘的任期中盡力推動和談。為了避免影響和談的進行，303委員會在4月10日的會議中決定不再批准U-2飛越中國和北越，C058C因此成為U-2最後一次飛越中國大陸上空的任務。

沿海電子偵察與傾斜照相

H分遣隊直到5月18日才由張燮執行下一次任務（C068C），這也是H分遣隊首次全程電子偵察的任務。中情局曾在年初規劃編號C038C的電子偵察任務，涵蓋從鹽城到汕頭的海岸，後來因為天氣因素取消，中情局將規劃的航線保留，以便日後執行，C068C很可能就是按照這條航線執行。

U-2在以17號系統執行電子偵察任務時，一般是使用低速記錄器來記錄電子訊號，但在蒐集地對空飛彈系統的訊號時，就會另外再啟動高速記錄器。由於17號系統佔據了U-2的Q裝備艙，無法再攜帶主要相機執行照相任務，所以機上只有T-35航跡相機。

5月22日，383號U-2在降落滑行的過程中因為尾輪故障而打地轉，檢修後於5月29日恢復戰備。但是禍不單行，另一架385號U-2在5月28日實施地面勤務時，因為操作人員疏忽，未先安置好

主起落架下鎖扦銷，導致起落架折損，直到6月12日才修復。

　　5月底的C078C也是全程電子偵察任務，目標區從山東半島往南一直到汕頭，但是在山東半島外海時，因為機上的無線電發報機故障而折回桃園。H分遣隊接下來在6月份連續五次嘗試再度執行C078C航線的電子偵察任務，除了C098C因為裝備故障而取消，其他都因為天氣因素受阻。

　　由於中國大陸夏天的天氣變化快速，而303委員會逐次審核任務的方式讓中情局無法迅速因應大陸的天氣做出規劃，導致任務因天候因素取消的次數偏高。所以美國的國家偵察室（National Reconnaissance Office）在6月25日建議303委員會取消逐次審核的限制，恢復到以往每個月整批審核四次任務的機制。

　　不過303委員會不僅沒有放寬限制，從7月份開始，所有H分遣隊的作戰任務都停止執行。就連國府空軍第4中隊RF-101負責的FOOD FAIR任務也被下令暫停。這都是為了避免激怒中共，好讓美國跟北越從5月13日展開的巴黎和談能夠順利進行。

　　10月1日，H分遣隊停止作戰任務的禁令解除，但是303委員會規定日後所有電子偵察或照相任務都必須與中國大陸海岸線保持20海浬以上的距離。H分遣隊在往後的三個月裡執行了六次任務，兩次是電子偵察，其餘都是以H型相機進行的沿海斜照任務。中情局另外提了九次任務申請，都未能執行，其中被國府否決而取消的就佔了四次。

　　前一年的年底就從美國結訓返台的黃七賢直到10月20日才有機會擔負作戰任務。他在上午9時30分駕駛385號U-2起飛執行C168C任務，從汕尾附近接近大陸後，開始以H型相機沿海

北上偵察，在杭州灣脫離大陸沿海返航。由於他不慎把相機角度設定為07度，而非指定的70度，所以大部分規劃的目標都沒有拍到。

跟黃七賢一同受訓的李伯偉則是要等到12月19日才執行他個人的第一次U-2作戰任務。他在上午10時駕駛385號機起飛執行C278C任務，以H型相機從上海沿著海岸線一路往南拍到莆田附近返航，為時3小時35分。

共和黨的尼克森（Richard M. Nixon）在11月的美國總統大選中，以近50萬票的差距擊敗民主黨候選人韓福瑞（Hubert Humphrey），獲得301張選舉人票，成為美國歷史上的第37位總統。尼克森在競選過程中曾針對越戰作出「結束戰爭、贏得勝利」的承諾，他的越戰政見對TACKLE計畫的影響，只有等他宣誓就職後才會揭曉。

1969

尼克森不願得罪中共

　　1969年1月5日，張燮駕駛385號U-2執行編號C019C的H型相機偵照任務時，在東海地區墜海，張燮跳傘後失蹤。美國出動海空軍進行大規模搜索，但人、機均未尋獲。BIRDWATCHER的數據顯示張燮的飛機在墜毀前進入高馬赫數抖振（high-Mach buffet）的狀態，自動駕駛也被解除。由於沒有發現飛機殘骸，資訊也嫌不足，調查小組無法確認真正失事的原因。這次失事，也讓中情局損失了三具珍貴的H型相機中的一具，嚴重影響到相機的調度。

　　在張燮失事之前，中情局已經排定要讓H分遣隊換裝U-2系列的最新機種U-2R。國府第35中隊的新進人員王濤、沈宗李在美國受訓時已經接受U-2R的換裝訓練，還留在隊上的范鴻棣、黃七賢、李伯偉等飛行員後來也陸續完成U-2R的轉換訓練。在2月中之前，中情局就將出廠還不到半年的057、058號U-2R飛到桃園，H分遣隊僅存的383號U-2C則以C-124空運回美國。

　　U-2R比U-2C大了一號，加長的機身讓裝備艙的空間多了78立方英呎，駕駛艙也因此變大。在性能上，U-2R比U-2C容易操縱，從失速到超速的範圍增加為20節，最大飛行高度超過74,000

英呎。U-2R的另一項特點是機鼻不僅加長加大，而且可以拆卸替換。T-35航跡相機就裝設於機鼻內，因此U-2R在以H型相機執行任務時，只需一具T-35相機。除此之外，U-2R的機鼻就能容納17號系統，所以可以同時執行電子與照相偵察混合任務。

雖然新飛機到位，卻是英雄無用武之地，因為從張燮失事之後，H分遣隊的作戰任務就一直處於停飛狀態。從美國人民的角度來看，尼克森總統上台後的當務之急是解決越戰的問題，然而尼克森私底下還有另一個重要的課題，就是改善美國與中共的關係。尼克森在2月1日寫了一份備忘錄給國家安全顧問季辛吉

圖33：這張照片清楚顯示了U-2R（右）與U-2C（左）的大小差異。（USAF）

（Henry A. Kissinger），指出「政府的行政部門應盡一切可能尋求與中國改善關係的機會」，但是他又強調「這必須私下為之，絕不可公諸於世」。尼克森的態度影響了TACKLE計畫對中共的偵察活動。

303委員會在3月11日開會討論三項敏感的偵察行動：U-2的中國東北偵察任務、SR-71的中國南部偵察任務、以及一項至今尚未解密的任務，其中U-2偵察任務的目的是為了取得中共自製飛彈的情報。這次會議並沒有對前述三個行動做出結論，只同意以Ryan 147無人偵察機對中國南部進行偵察。

尼克森在這次會議結束後，透過特別助理查平（Dwight L. Chapin）發出一份備忘錄給303委員會的委員，指出中共可能會認為美國過去一年來不派U-2進入大陸上空偵察代表美國不打算對中共採取不利的動作，所以如果在這時解除飛越中國大陸的禁令，不僅會讓北京以為美國已經改變想法，也會讓中共認為這代表美國新政府的政策。備忘錄也指出，中共雖然推遲原訂在2月20日舉行的華沙會談，但也暗示會談可以在氣氛變好的時候重新啟動，現在如果恢復U-2進入大陸的任務，只會讓雙方會談的日期變得遙遙無期[20]。

3月25日，303委員會再度開會，經過一番熱烈的討論，決定等3個月後再來檢討是否解除U-2不准進入中國大陸上空的禁令。4月4日，303委員會核准H分遣隊在4月份執行四次中共偵察任務，雖然U-2仍然必須與大陸沿岸保持20海浬以上的距離，但303

---

[20]　美國與中共之間的大使級會談從1968年1月8日的第134次會談結束後就中斷，中共原本同意在1969年2月20日恢復，但在會談前兩天突然取消。

委員會總算取消了持續一年多的逐次審核機制，恢復到以往逐月整批核准的作法。

中斷了三個月後，H分遣隊在4月6日再度接獲待命通知，準備在8日執行C069C任務，這是H分遣隊換裝U-2R後的首次作戰任務，也是擔任駕駛的王濤個人第一趟U-2作戰任務。王濤在上午8時駕駛058號U-2起飛，從海南島東方接近目標區後，沿著中國大陸海岸北上，在泉州附近結束偵照返航。這次U-2R和王濤的處女秀不太成功，只拍到31個預定目標中的9個，照片品質也因為斜照和薄霧的雙重影響而變差，王濤事後還因為沒有調整好相機的瞄準角度而被訓誡了一番。

到了4月底，先前303委員會決定重新檢討的三個月期限還沒到，但尼克森和季辛吉明確表示他們只准恢復U-2在外海執行的偵察任務，U-2不得進入中國大陸上空已成定局。

再度引誘地對空飛彈

U-2R的下一次作戰任務，是由當時第35中隊飛行員中最資深的范鴻棣在5月7日執行的C109C任務，對旅順到上海的沿岸地區實施照相與電子偵察。范鴻棣在同年4月間，曾與黃七賢回到美國接受FORTUNE COOKIE計畫的特殊訓練。

中情局曾在1967年初規劃執行SCOPE SAVAGE任務，以改裝過的Ryan 147無人飛機引誘中共發射地對空飛彈，再將接收到的飛彈導引訊號傳送到附近空域的美軍飛機，但是國務院在最後一刻封

殺了這項任務。中情局並不死心，中共已經參考俄製SA-2飛彈發展出自製的紅旗飛彈，所以有必要再蒐集這型飛彈的訊號情報。

　　中情局捨棄了空軍的Ryan 147無人飛機，改用畢琪（Beech）飛機公司的AQM-37超音速無人靶機。中情局將AQM-37的機鼻改裝成可以放大雷達反射訊號，作為吸引飛彈的誘餌，同時也加裝接收和轉送飛彈導引訊號的裝備。054號U-2R被選為任務機，在左右翼下各安裝了一具用來掛載AQM-37的掛架，並負責在任務中接收AQM-37轉送的訊號。1968年11月13日，美國的國家偵察室批准了這項名為FORTUNE COOKIE計畫的研發經費。

圖34：圖為美國海軍使用的AQM-37超音速靶機。（US Navy）

快刀計畫揭密

190

1969年3月，FORTUNE COOKIE計畫的硬體發展告一段落，準備從4月中開始進行飛行訓練。黃七賢先執行了掛載AQM-37的飛行訓練，再由范鴻棣進行試射的訓練，試射是在太平洋飛彈試驗場（Pacific Missile Range）的空域進行。兩具AQM-37的最佳發射間距是3分鐘，但如果飛行員認為必須修正航線來達到最佳的效果，也可繞行一圈回來後再發射第二具，間隔最多不可超過12分鐘。

　　中情局原本預計在5月27日前將任務提案送交303委員會審核，如果核准通過，則在6月下旬執行作戰任務，完成FORTUNE COOKIE計畫的第一階段，之後再依據執行結果，進行第二階段的規劃。中情局曾考慮從常州、上海、旅大的飛彈陣地中選出一處作為執行的對象，常州的陣地因情報顯示已經清空而首先出局。范鴻棣執行的C109C任務的照相情報此時派上用場，但仍嫌不足，必須對上海、旅大兩地再多作偵照。

　　中情局到6月初才向303委員會提案，這項提案的內容至今仍未解密。無論內容為何，FORTUNE COOKIE任務顯然遭到303委員會的否決而未執行。中情局在規劃時就很清楚這項任務的挑釁意味濃厚，必須配合政治情勢才能執行，偏偏一架美國海軍的EC-121電子偵察機在4月15日被北韓的MiG-17擊落，急於跟中共修好的尼克森和季辛吉（後者是303委員會的成員）不太可能批准這項會破壞美中關係的任務。

　　FORTUNE COOKIE計畫夭折後，相關的裝備被封存起來，將近三年後才重見天日。1972年6月，美國戰略空軍司令部向中情局商借FORTUNE COOKIE的電子偵察裝備，將三架Ryan 147H

（美軍型號為AQM-34N）高空無人偵察機改裝成蒐集北越SA-2地對空飛彈導引訊號的電子偵察機，這項計畫稱為COMPASS COOKIE。

1972年9月，美國空軍派駐泰國烏打拋（U-Tapao）基地的第99戰略偵察中隊執行了四次COMPASS COOKIE任務。一架AQM-34N雖然在9月29日的第四次任務被擊落，但也成功的把記錄到的訊號傳回DC-130發射母機，FORTUNE COOKIE計畫總算有了圓滿的結局。

中共試圖攔截U-2R

跟王濤一起赴美受訓的沈宗李到了1969年5月28日才有機會執行他的第一次U-2作戰任務，這次編號C119C的照相電子偵察混合任務是從長江口北面開始，沿著海岸南下到福建與廣東邊界附近結束。美方事後對沈宗李首次任務的評價是「非常好」（extremely fine）。

接下來H分遣隊的任務出現了將近三個月的斷層，直到8月17日方由李伯偉執行C169C任務。目前已解密的文件中看不出為什麼H分遣隊會停飛這麼久，只有在尼克森總統從7月26日到8月2日的亞洲行期間可以推測H分遣隊會按照慣例停止作戰任務，扣掉這段期間後，依然有兩個月的空窗期無法用現有的檔案文件解釋。

10月16日，輪到沈宗李執行C259C任務，目標區是遼東半島與山東半島一帶的海軍基地。這是沈宗李的第二次U-2作戰任

務，中情局特別提醒他在山東半島附近可能會遭遇敵機攔截，尤其是滄縣機場駐有四架MiG-21。

　　沈宗李在上午8時55分起飛，先飛到平壤以西外海，從遼東半島東岸開始往南飛行。12時17分，沈宗李到達青島東南方，機上系統警告有敵機逼近，於是沈宗李先左轉迴避，再往右轉彎。此時沈宗李突然感受到一股震波，就看見一架戰鬥機從U-2下方500到1000英呎處由右而左飛過，然後消失在左方。由於沈宗李描述這架敵機有三角翼，因此這應該是MiG-21首次試圖鑽升攔截U-2R。

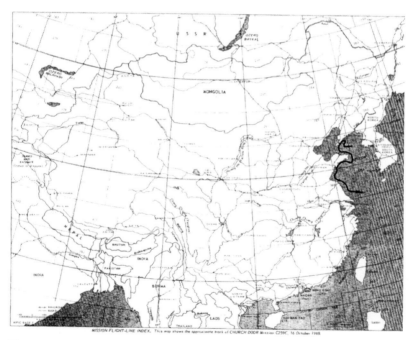

圖35：由沈宗李執行的C259C任務航跡圖。（CIA）

中情局每次在提交任務計畫給303委員會審核時，都會附上航線附近的敵情分析，自從中共取得MiG-21後，敵情分析除了地對空飛彈陣地的位置，還包括MiG-21的基地與配置數量。不過根據中情局的研判，只要U-2採取適當的閃避戰術，MiG-21基本上不構成威脅，真正危險的還是飛彈。U-2改成從海岸線外20海浬進行傾斜照相，一方面固然是避免飛越大陸上空激怒中共，另一方面也是為了遠離已知的地對空飛彈陣地。

　　12月1日，由王濤執行山東半島南部到浙江一帶的C299C任務。當王濤飛到岱山島一帶，機上的OSCAR SIERRA系統警示紅燈亮起，王濤按程序作S型轉彎迴避後，看到三枚飛彈在右後方爆炸，所幸人機均安。這次王濤險遭飛彈暗算，顯示中共為了擊落U-2R，已經把地對空飛彈部署到沿海島嶼上，外海傾斜照相不再是安全的保證。

　　這次飛彈偷襲事件後，303委員會在12月20日的會議中討論是否要把目前距離中國大陸海岸線20海浬以上的限制，擴大到距離海岸線「和沿海島嶼」20海浬以上，不過並未作出具體的結論。對於沒有實際參與偵察與分析作業的高官們來說，遠離危險是降低風險的直接途徑，但是中情局進一步探討後，發現如果U-2的航線也要退到距離沿海島嶼20海浬以上，對於照相目標涵蓋的數量、照相品質、電子偵察的效果、飛行員的航行都有不良的影響。中情局因此據理力爭，303委員會也就不再堅持擴大安全距離。

IDEALIST計畫面臨檢討

比起中情局IDEALIST計畫（U-2計畫自1960年中開始所用的代號）的生死，H分遣隊的任務航線多退個幾海浬根本不算什麼。尼克森在12月17日跟預算局長梅友（Robert Mayo）開會時，同意預算局終止中情局U-2偵察計畫的建議，把所有的U-2都整併到美國空軍之下。這項決定純粹出自預算支出的行政考量，跟政治因素無關，因為中情局和美國空軍各擁有一支U-2的機隊，如果能夠整併，就可以省下一大筆經費。

中情局得知這個消息，趕緊在下一次303委員會的會議上向委員分析利害關係，期望透過303委員會的背書讓尼克森收回成命，中情局的主要論點如下：

一、中情局的U-2計畫讓美國能在發生全球性危機時，經濟又迅速的取得空中偵察情報。尤其可以利用第三國的基地與人員，大幅降低美國所要背負的政治風險，目前中情局與中華民國和英國分別簽有U-2合作計畫協定。

二、中情局已經建立了部署U-2的快速反應能力，在接到命令後50小時內，就能在世界各地執行任務。

三、中情局的U-2能以較低廉的成本，應付發生在蘇聯以外地區的危機，所有與飛機、裝備、設施相關的費用都已支付完畢。

四、在非危機時期，U-2除了用於蒐集中共的情報，並且可以加強美國與中華民國、英國之間的關係。如果撤除位在中華民國的H分遣隊，不僅會產生嚴重的政治效應，也會對進行中的其它重要情報合作計畫造成不利的影響。

五、美國戰略空軍的U-2裝備不夠齊全，無法應付各種不同的任務型態，也缺少在敵對環境中執行任務所需的防衛裝備。而且這些U-2都是軍用機，執行任務時由美國軍人駕駛，美國政府因此無法撇清關係。

303委員會在1969年12月20日開會時，除了國防部的代表因為缺席而未表示意見，其他委員都認為美國應該繼續保有在危機狀況下執行秘密偵察任務的能力，尤其一旦發生必須進入中國大陸偵察的情況，美國還有中情局的U-2可以運用。與會委員也認為此時不宜撤除H分遣隊，因為一定會造成美國與國府間的政治問題。透過裁撤中情局U-2計畫而省下來的經費，並不能彌補美國因此損失的秘密偵察能力和國府反彈所產生的政治效應。303委員會所以建議尼克森總統在1971會計年度[21]繼續維持中情局U-2計畫的進行。

儘管尼克森急著跟中共改善關係，但此時的中共仍是陰晴不定，如果當下就決定中止IDEALIST計畫，的確等於是自廢武功，況且中情局的U-2還能用在其他地區的危機上。尼克森在聖誕節前夕同意303委員會的建議，暫時讓中情局保有U-2，跟國府

[21]　根據美國當時的制度，1971會計年度從1970年7月1日開始。

合作的TACKLE計畫也繼續進行。尼克森同時指示303委員會持續研究這項議題，並在行政部門提出1972年度預算前對這項計畫的未來作出建議。

1970

美中重啟華沙會談

中情局在1970年1月5日提出當年度的第一次H分遣隊任務計畫申請，但美方隨後以天氣因素取消任務。自從U-2改由海岸外實施傾斜照相後，良好的天氣比以往更加重要，即使目標區只有薄霧也會大大影響到照相的效果，所以因天氣不佳而取消任務更是理所當然。但從解密的文件來看，美方取消這次任務的原因不盡然是為了天氣。

尼克森上台後，美國與中共的關係在1969年12月終於有了進展，駐波蘭大使史托塞爾（Walter J. Stoessel, Jr.）見到了中共駐波蘭大使館臨時代辦雷陽。經過幾次會面與電話溝通，雙方在1970年1月8日決定恢復中斷兩年的華沙會談，訂於1月20日舉行第135次會談，而且史無前例的在中共大使館內進行。

1月9日，主管政治事務的國務次卿強森在寫給國防部副部長帕卡德（David M. Packard）的備忘錄中指出，美國為了重新與北京接觸所作的長期努力已經「開花結果」，因此必須全力避免讓中共有任何取消此次華沙會談的藉口。強森提到目前可能會影響中共的，只有從台灣執行的一次U-2任務，但「已經建議中情局暫時將其延後」。所以C010C因天氣不佳而取消，應該只是美

方的藉口而已。

C010C任務取消後，H分遣隊直到2月14日才執行1970年的首次任務，這次C020C任務採用的1128號航線正是原先C010C規劃的航線，而執行日期也正好在美中第135次大使級會談之後，更可以證明C010C是美方故意找理由取消的。

1967年3月重簽的快刀計畫協定裡規定，雙方必須在協定到期前三個月完成相關的檢討與協商，以決定是否延續。所以理論上在1969年12月16日就要檢討完畢，然而當時中情局的U-2計畫總部認為IDEALIST計畫前途未卜，所以暫時擱置TACKLE計畫（快刀計畫）的討論。不過中情局台北站認為還是該在1970年開年後盡快跟國府協商，而且建議直接向國府表明要無限期延續快刀計畫的協定，三個月前告知終止意願的條款則予以保留。

U-2計畫總部在1969年底同意台北站的建議，並授權台北站與國府進行協商。結果國府方面建議從1970年3月16日起展延三年，同時保留三個月前告知終止協定的條款，中情局也同意了國府的提議。

4月18日，國府行政院副院長蔣經國訪問美國，並於20日至24日間前往華府拜會。由於蔣經國事前表達了他對美中華沙會談的不滿，甚至暗示將取消此次訪美之行，美國因此建議中共將第137次會談延至4月28日以後舉行，中共後來同意改在5月20日舉行[22]。

22　美國在5月出兵高棉，引起中共的不滿，因而在5月18日通知美國取消原訂5月20日的華沙會談，但也告知美國將於6月20日討論何時恢復。6月20日，中共駐華沙的一名外交官通知美國，此時不宜討論與決定何時恢復雙方的大使級會談。此後，華沙會談就再也沒有恢復，美國與中共另外建立了溝通管道。

跟前幾次訪美不同的是，蔣經國此行不再提到軍事反攻。在4月21日的會談中，蔣經國向尼克森保證，中華民國絕不會用武力對付中國大陸，即使小規模的軍事行動也不會進行，中華民國將以政治手段來達成目的。「反攻大陸」的口號於是成為絕響。

　　美國雖然因為蔣經國訪美而在華沙會談的日期上讓步，但也不忘「禮尚往來」一番：李伯偉在4月15日執行完C070任務後，中情局隔了兩個月才又讓H分遣隊的U-2到中國大陸外海偵察，由范鴻棣在6月16日執行C080C任務。

IDEALIST計畫保衛戰

　　儘管IDEALIST計畫在前一年的年底躲過了預算局的大刀，依然要面對40委員會（303委員會在1970年2月17日後的新名稱）的評估與檢討。中情局內部在探討如何說服40委員會時，非常清楚光是靠中國大陸外海的偵察任務並不足以說服委員。中情局一定要想辦法證明，唯有讓中情局繼續保有U-2機隊，美國未來遇到全球性突發危機時才不會在情報蒐集上捉襟見肘。

　　中情局因此請求國府協助，在飛行安全與天候良好的情況下，增加U-2沿海偵察任務的次數。國府雖然答應在同一個目標區不連續申請的原則下酌予提高任務的頻率，卻並不是照單全收。中情局在7月初提出C090C任務的申請時，國府以空軍總司令陳衣凡才剛上任的理由否決。黃七賢在7月29日執行完C110C任務後，美方在30日就提出下一次任務的申請，結果國府以天氣

因素不同意執行，但事實上是蔣經國認為任務過為密集。同樣的情形發生在李伯偉執行完10月6日的C150C任務後，美方於次日又提出任務申請，這次國府直接表明任務頻率過密而否決。

中情局的另一個選項是證明他們的U-2可以協助美國政府對付突發的危機，剛好此時中東出現了讓IDEALIST計畫表現的機會。

1967年爆發的六日戰爭雖然號稱六天結束，以色列與周圍阿拉伯國家的衝突卻持續不斷，直到1970年8月7日，各方才終於同意停火。居中調停的季辛吉表示美國願意提供空中偵察，以確保各方把軍隊撤離到蘇伊士運河兩岸32英哩以外的區域。由於美國空軍的U-2必須花上幾個星期才能完成部署，所以這項監控任務就落到中情局U-2的肩上。

在這項稱為EVEN STEVEN的行動中，中情局G分遣隊派出的第一架U-2在8月9日就飛抵英國空軍位於塞浦路斯的阿寇提利（Akrotiri）基地，第二架也於次日到達。到11月10日為止，G分遣隊的U-2總共執行了29次停火地區上空的監控任務，之後才由空軍的SR-71接手。

由於中情局在EVEN STEVEN行動中充分展現了U-2的快速反應能力，40委員會在8月18日的會議中，否決了國家偵察室將所有U-2整併到美國空軍的規劃案，讓中情局在1972會計年度結束前都可以繼續保有原來的六架U-2R，IDEALIST計畫再度有驚無險的度過危機。

桃園的H分遣隊在1970年總共執行了14次偵察任務，其中上海以北到遼東半島的任務就佔了6次，中共在這個地區有許多海

軍基地，由此可見美國的情報蒐集目標已經轉為中共的海上實力。台灣海峽沿岸的任務只有4次，基本上這些是國府要求執行的任務，主要目的還是監控海峽當面幾座機場的動態。

在1970年結束前，H分遣隊發生了致命的意外。11月24日上午10時15分，黃七賢駕駛057號U-2起飛進行高空訓練。下午2時40分返航降落桃園時，飛機受到側風的影響而偏右撞到跑道指示牌，黃七賢加足油門試圖重飛，但飛機因為失速而墜地起火，黃七賢因此殉職。

1971

監聽中共微波通訊

黃七賢失事後，H分遣隊僅存的058號U-2R在1971年2月初被送回美國進行擇要檢修（Inspect and Repair As Necessary，IRAN）。中情局另外分別在1971年1月和3月把053和051號U-2R從美國飛到台灣，將H分遣隊的機隊補足為快刀計畫協定上應有的兩架。巧合的是，053和051號機在台灣的第一次偵察任務都是由王濤執行，分別是1月30日的C031C和4月12日的C091C任務。

4月29日，由沈宗李執行C111C照相與電子偵察任務，航線從山東半島東方海面開始，往北到旅順附近，再折返到山東半島東方。在過程中，沈宗李為了閃避米格機的騷擾，兩度作出迴避動作。沈宗李降落在桃園時卻發生煞車失靈，不過並未釀成意外。

王濤在5月7日執行的C121C任務，是中情局專門用來蒐集通訊情報的LONG SHAFT系統首次派上用場。這套系統裝設於U-2R的鼻錐整流罩內，另外在機身前段加裝了所謂的C型記錄器，主要功能是接收與記錄中共的微波通信訊號。由於這套系統相當笨重，U-2無法同時掛載龐大的H型相機。在執行LONG SHAFT任務時，U-2R通常會來回以8字型的航線飛行，讓接收天線能夠增加對準微波訊號來源的時間。

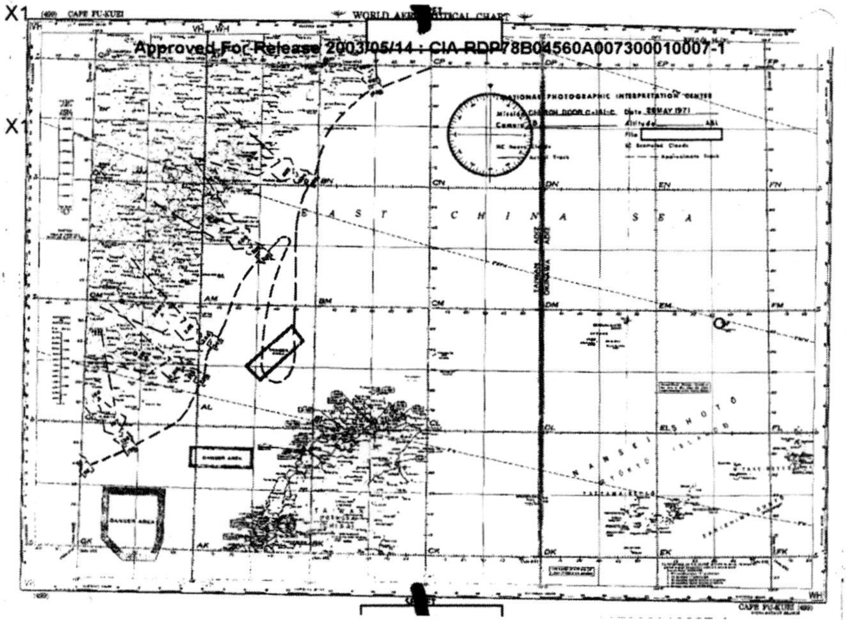

圖36：由錢柱執行的C141C任務在台灣海峽一帶的任務涵蓋圖，顯示U-2在福州外海作了一個S型轉彎，而且在轉彎過程中並沒有拍照。在這次任務中，B型相機是以Mode 3運作，除了垂直照相，只有左邊三個角度的傾斜照相。（CIA）

裝載LONG SHAFT系統的U-2仍然可以搭配較輕的B型相機，同時執行LONG SHAFT與照相混合任務，不過這類任務還是以蒐集通訊情報為主要目的，航線則不再是固定的8字型。第一位執行這類混合任務的飛行員是前一年完訓返台的錢柱，而這趟5月26日的C141C任務也是他的第一次U-2作戰任務。錢柱從金門西南方接近中國大陸，往北飛到福州外海時作了一次非常緊致的S型轉彎，以接收微波訊號。之後他繼續往北，在寧波外海做了一個大迴轉後返航。

　　中情局在1971年的第二季總共申請了14次任務，沒有一次因為天氣而取消，但是國府卻否決了預定在4月16日（C101C）、5月21日（C131C）、5月28日（C151C）、5月29日（C161C）、6月5日（C181C）、6月16日（C211C）的六次任務，確實原因尚未解密。

國府意圖擾亂中美修好

　　從1969年秋天開始，尼克森和季辛吉在瞞著國務卿羅吉斯（William P. Rogers）的情況下，透過巴基斯坦建立了可以直通中共的秘密聯繫管道。1970年10月，尼克森請巴基斯坦總統葉海亞汗（Yahya Khan）傳話給中共，表示他願意派遣密使前往北京。12月9日，巴基斯坦駐美大使傳來周恩來的回應：「極度歡迎尼克森總統的特使前來北京」。1971年4月27日，巴基斯坦大使再度代周恩來傳話，歡迎季辛吉、羅吉斯、甚至尼克森本人，

公開到中國訪問。尼克森跟季辛吉經過一番討論，決定由季辛吉擔任這位密使。

1971年7月9日，季辛吉在訪問巴基斯坦時謊稱肚子痛，暗地裡卻飛往北京訪問三天。等到季辛吉平安返回華盛頓，尼克森在15日透過電視宣布他已派遣季辛吉密訪北京，他本人也將在1972年5月前訪問中國。

尼克森的決定讓許多美國人感到驚訝，中華民國政府更是震驚。中共總理周恩來在7月10日的會談中曾經提醒季辛吉，國府方面可能因此會有人鋌而走險，故意為美國製造麻煩，所以要美國多加注意。中情局後來果然監聽到兩名國府空軍官員討論如何利用U-2讓尼克森的預定中國大陸之行觸礁。中情局長何姆斯雖然認為國府不至於出此下策，他還是在8月26日透過尼克森的國家安全事務副助理海格（Alexander M. Haig, Jr.）將這兩名軍官談話的譯文傳給季辛吉，請他留意。

事後證明國府並沒有作出過於激烈的動作，但是H分遣隊的U-2任務中斷了兩個多月。40委員會在8月5日指示將U-2R的「禁航區」從中國大陸本土沿海20海浬向外延伸到25海浬，並且不得飛越中共管轄的島嶼。這項新指令讓H分遣隊必須重新規劃任務計畫資料庫裡的所有航線，而且規劃人員為了因應航行時可能產生的誤差，還自動把距離再擴大到28海浬。

H分遣隊恢復戰備後，由王濤在10月2日先發，執行C301C任務，偵察山東與遼東半島。接下來分別由錢柱、沈宗李飛完C311C和C321C任務後，H分遣隊再度暫停作戰任務。因為美國

與中共在10月5日共同宣布，季辛吉將在10月20日二度前往中國，為尼克森的訪中之行作準備。

在10月22日的會談中，周恩來向季辛吉抱怨美國的偵察機在偵察北越的過程經常越界到中國的領空，而當天就有一架電子偵察機逼近中越邊界。周恩來不客氣的說，「在你到訪的期間發生這種事情，對雙方都不是一件好事」，季辛吉表示美國的飛機已經不准飛進中國領空，如果再有發生，美方會嚴加處置。

第二天，季辛吉主動向周恩來澄清，指出前一天提到的美國偵察機一直都跟中越邊界保持20海浬以上的距離。隨後季辛吉話鋒一轉，表示他手上有情報顯示，國府打算派遣RF-104偵察機進入大陸，擾亂他這次的行程，但美方已經出手阻止。季辛吉向周恩來保證，如果真的發生這種情事，絕對不是出自美國授意，美國也反對這種作法。

季辛吉離開北京返回華府的途中，聯合國大會裡一連幾次與中華民國代表權有關的表決結果都不利於國府，國府的代表團眼見大勢已去，由外交部長周書楷朗讀聲明稿後退出聯合國。稍後，聯合國大會通過2758號決議，由中華人民共和國政府取得原由中華民國政府擁有的聯合國代表權。

國府這次在外交上的重大挫敗卻沒有影響U-2的偵察活動，從11月6日到年底，H分遣隊一共執行了四次作戰任務，沒有一次任務申請被國府否決。

1972

美國嚴防國府製造麻煩

　　隨著美國與中共間的關係逐漸加溫，美國更有必要藉由監聽中共官員的通話獲得更深入的情報，以了解中國內部的情勢發展。LONG SHAFT任務蒐集到的通訊情報全都送回美國本土分析，由於快刀計畫協定只規範美方必須把複製的底片和照相判讀報告提供國府，加上兩國此時已經漸行漸遠，所以美國應該不會分享這些通訊情報的內容。

　　H分遣隊在1972年1月裡總共執行了四次作戰任務，其中LONG SHAFT任務就佔了三次。美國的國家偵察室從這一年開始，每個月固定為TACKLE計畫向40委員會申請八次偵察任務，四次是照相與電子偵察混合任務，另外四次是LONG SHAFT任務。

　　尼克森的中國之行越來越近，白宮、國務院、國防部、中情局開始嚴格限制以中共為對象的情報活動，免得節外生枝。美國尤其擔心國府輕舉妄動，所以季辛吉在1月下令監視國府的一舉一動，「如果雜音的聲量變大，就請國務院派馬康衛[23]去見蔣經國」。馬康衛在2月12日回報說他已經見了蔣經國，並請國府全

---

[23]　馬康衛（Walter P. McConaughy, Jr.）是當時美國駐中華民國大使。

力協助讓尼克森的中國行保有良好的氣氛。馬康衛對蔣經國指出，美國研判中共在這段期間不會有攻擊性的舉動，所以中華民國應該也很容易同樣這麼作，蔣經國向他明確保證中華民國會避免任何有攻擊或挑釁意味的行動。

　　由於之前曾傳出國府空軍的軍官想利用U-2飛進大陸來擾亂美中關係，所以尼克森訪中期間，中情局不再以天氣的理由暫停H分遣隊的作戰任務，而是指示H分遣隊對桃園的兩架U-2R進行大規模的檢修工作，對國府則是宣稱U-2R必須針對過去發布的一些技術通報（service bulletin）補作修改。如此一來，H分遣隊連訓練任務都無法進行。

　　以往H分遣隊在每次U-2作戰任務後，位於美國的U-2計畫總部會針對任務的執行、預報與實際的天氣、飛機與裝備的狀況、中共對任務的反應等項目召開正式的檢討會議。但是主管U-2計畫的特種活動室在3月2日發布通告，日後除非發生特殊狀況，或特種活動室主任認為有必要，否則不再針對每次任務召開檢討會議。事實上，H分遣隊的任務自從改為外海傾斜照相後，也越來越像例行公事，已經很少有重大的情報發現。

　　尼克森中國之行清楚的向世人昭告美國對中共的政策已經改變，中情局也不排除40委員會就此決定終止TACKLE計畫，準備做最壞的打算。中情局台北站在3月初開始對國府可能的反應進行沙盤推演，研究要如何降低對其他合作計畫的衝擊，另一方面也開始推算時程，以便符合快刀計畫協定中提前三個月告知終止意願的條款。

　　後來證明這些準備的動作是多餘的（至少暫時是這樣），

H分遣隊的U-2經過兩個月的「檢修」後，再度於4月2日展翅，由王濤執行C062C任務。年初從美國受完U-2飛行訓練回到台灣的邱松州，則在4月19日完成他個人第一次U-2作戰任務（C082C），這也是一趟LONG SHAFT任務。

邱松州遭遇飛彈攻擊

季辛吉於6月19日再度造訪中國，這是他第四次踏上中國大陸。周恩來在22日的會談中向季辛吉提到，「蔣介石的空軍有時仍會以貴國提供的飛機侵入大陸上空，但我們能分辨出哪些是他們的飛機，哪些是美國的飛機。貴國曾經提供U-2給他們。」季辛吉回答說：「沒錯，但如您所知，我們已經把其中美國參與的任務移往離岸更遠的地方。」這是美國與中共的高層首度針對國府的U-2交換意見[24]，不過只有點到為止，在此次訪問的後續行程中沒有再作討論。

時序進入8月，又是美國政府檢討預算的時節。IDEALIST計畫過去三年都能化險為夷，躲過預算局的鍘刀，這一年還是延續以往的好運。40委員會在8月12日再度決定讓IDEALIST計畫延續一年，確實的原因並未解密，但應該與政治考量脫不了關係。

行之有年的U-2任務檢討會議取消後，U-2計畫總部破例針對邱松州在11月18日執行的C402C任務召開檢討會議。這次任務的航線最北只到山東半島的南部，正午12時02分，邱松州已經完成

---

[24] 尼克森在2月訪問中國期間也曾提及U-2，不過當時談論的是1960年發生的包爾斯事件，與國府的U-2合作計畫無直接關連。

向北的航線，剛剛轉為南向準備完成偵照航線的最後一段。此時機上的飛彈警告突然響起，邱松州按規定作出閃避動作後，看到飛彈的凝結尾，也看到海上一個小島上有白煙，應該就是飛彈發射的地點。邱松州完成180度的閃避動作後，再向右反轉到與預定航線平行的方向，期望相機能拍下小島的照片。之後邱松州再修正到預定航線，執行完剩餘的任務後返航。

根據事後研判，中共應該發射了兩枚飛彈，相機只拍到凝結尾，沒有拍到彈體。而雖然邱松州曾試著讓相機拍攝發射飛彈的小島，H型相機當時的視角正好在小島之外，所以沒有拍到。中情局後來檢視資料庫裡的衛星照片，在這座名為潮連島的小島上發現了地對空飛彈系統。

這是繼王濤在岱山島上空險遭飛彈擊落後，中共第二次利用部署在島嶼上的飛彈攻擊U-2，中情局因此下令逐一檢視可能用來部署飛彈的沿海島嶼。已經升任為行政院長的蔣經國在11月28日才得知這次事件，馬上要求中情局取消即將執行的C412C任務，讓國府空軍有更多的時間評估狀況，H分遣隊因此暫停執行任務。國府方面在12月12日同意恢復戰備，此後U-2航線與中共沿海小島的距離從原來12海浬增為13海浬。

在H分遣隊恢復戰備後，中情局決定對大陸沿海島嶼以B型相機進行搜索式偵照，確定中共是否也在其他的島上部署了地對空飛彈。錢柱在12月20日負責執行首次此類任務（C422C），針對山東半島、杭州灣、台州外海的若干小島進行照相。

H分遣隊在1972年一共執行了32次作戰任務，是快刀計畫開展以來的最高峰。

1973

快刀計畫再度展延

時序進入1973年後，H分遣隊的第一次任務（C013C）也是以B型相機對大陸沿海島嶼進行搜索式偵照，由王濤在1月4日執行。但由於雲層遮掩了大部份的目標，任務不算成功。後續規劃的C023C和C033C任務都因為天氣因素取消。1月31日，輪到最近加入第35中隊的魏誠執行他個人的第一次U-2作戰任務（C043C），也是一次島嶼搜索任務。然而天氣仍舊不理想，結果只比C013C稍好一些。

季辛吉在2月初展開一趟為期11天的亞洲之旅，行程包括曼谷、永珍、河內、東京和停留時間最長的北京。H分遣隊奉命自2月7日至21日暫停作戰任務。

已經展延三年的快刀計畫協定即將在1973年3月中到期，所以當H分遣隊再度展開偵察任務，中情局台北站也忙著跟國府進行協商。由於國府與美國的關係在過去這三年裡持續冷卻，中情局台北站向總部建議這次只續約一年，告知終止的緩衝期則改為半年。

U-2計畫總部考量到雙方的外交關係和IDEALIST計畫本身隨時都有可能變化，因此不打算在新的協定上明確訂出期限，

告知終止的緩衝期則維持原來的三個月，但刪除必須等到協定生效後12個月才可告知終止意願的條款。總部指示台北站，萬一國府方面不同意無限期的約定，就將協定效期改為1974年6月30日。

中情局台北站和國府於3月13日達成重簽快刀計畫協定的共識，新的協定保留了絕大部分的條文，只有關於有效期間的條文修改如下：「有效期間：本項協議之效期無一定的期限。如任何一方基於新的特殊情況而認為有必要重新審視本協議是否延續，可在任何時間進行檢討與協商。在此情況下，如其中一方決定不再延續本協議並且告知另一方，本協議即於三個月後失效。」雙方這一次都同意不在協議上簽字。

秘密監視北越動向

以懸殊票數贏得1972年11月的總統大選而連任的尼克森，在1973年1月宣誓就職後馬上再下一城：美國、北越、南越、越共四方代表在1月27日簽署了所謂的巴黎和平協定，從當天24時（格林威治時間）起停火。根據這項和平協定，美國必須停止所有針對北越的軍事行動，並須在停火生效後開始撤離駐越美軍，於六十天內完成。

在撤軍的同時，美國擔憂北越可能會利用停火的時機藉由外援來壯大自己，然而受限於和平協定，無法再以軍用機監控北越港口的活動，於是這項責任又落到中情局U-2的肩上。

中情局的特種活動室深知IDEALIST計畫岌岌可危，因此不放過每次可以表現的機會，而且還得展現出高度的效率來彰顯空軍最欠缺的快速反應能力，藉以贏得40委員會的同情票。儘管中情局有能力迅速將愛德華空軍基地的G分遣隊部署到亞洲，執行這項代號SCOPE SHIELD的北越偵察任務，他們選了一個更快速的方式：由H分遣隊從桃園執行。

　　中情局台北站在3月初與國府商討延續快刀計畫協定時，U-2計畫總部特別要台北站長向國府強調，美方可能必須利用H分遣隊其中一架U-2來執行美國本身所需的任務。這個時機馬上就來臨。

　　3月30日，一架由美籍飛行員駕駛的U-2R從桃園起飛，執行編號S013E的首趟SCOPE SHIELD任務。這架攜帶H型相機的U-2先以500英呎的超低空飛行來避免被中共的雷達偵測，等遠離台灣後再爬高，到達北越外海後以距離海岸與島嶼12海浬的航線實施傾斜照相。在飛了三段預定的航段後，因為濃密的雲層遮掩了目標區，任務被迫中止。

　　第二天，H分遣隊再度由美籍飛行員從桃園出發偵察北越海岸，然而這趟編號S023E的任務在完成四個航段的照相作業後，又因為天氣而折返。禍不單行的是照相調製作業也出了問題，所以照相效果不盡理想。

　　由於連續兩次任務都沒有順利完成，40委員會在4月又批准了兩次SCOPE SHIELD任務。然而天公持續不作美，H分遣隊直到7月21日才成功完成第三次任務（S033E），涵蓋了從南越的廣治省（Quang Tri）到北越海防（Haiphong）附近的海岸，剩下

的一次任務則要等到1974年1月6日才順利完成。這兩次任務的照相品質都非常理想，讓SCOPE SHIELD任務畫下句點。

終結IDEALIST計畫

尼克森總統早在1972年9月就決心要讓中情局長何姆斯走路。他在贏得總統大選後不久，就強迫何姆斯提出辭呈，並提名施勒辛格（James R. Schlesinger）在1973年2月繼任。

施勒辛格完全沒有情報方面的背景，他在尼克森政府內先是擔任預算局的助理局長，然後在1971年被尼克森聘任為原子能委員會的主席。預算局在1969年底為了撙節政府開支，曾經建議終止IDEALIST計畫，由空軍接收中情局的U-2機隊和任務。而施勒辛格個人則曾在1970年奉白宮之命，對美國的情報界作徹底的檢討，以控制日益擴張的情報預算。由他來擔任中情局長，讓主管IDEALIST計畫的特種活動室戰戰兢兢。

1973年5月，施勒辛格擔任中情局長不過三個多月，尼克森又內定他為接任國防部長的人選。到了6月，施勒辛格還沒坐上國防部長的位子，心卻早就沒有放在中情局，他向40委員會作出讓特種活動室輾轉難眠的結論：終止IDEALIST計畫並不會造成重大影響。於是40委員會在8月30日的會議中，正式決定從1974年8月1日起終止IDEALIST計畫，TACKLE計畫同時裁撤，中情局的U-2機隊移交美國空軍。施勒辛格在7月2日就任國防部長，他所留下的局長遺缺由柯比填補。

位在地球另一端的H分遣隊由魏誠在8月2日執行了編號C263C的LONG SHAFT任務。美國的國家偵察室雖然往後每個月都向40委員會申請四次照相電子偵察混合任務和四次LONG SHAFT任務，後來的發展證明，C263C是H分遣隊的最後一趟LONG SHAFT任務。

　　H分遣隊從8月15日起暫時停止戰備一個月，這次並不是因為什麼政治因素，而是隊上唯一的H型相機鏡片被送回美國，安裝在另一具改良過的H型相機上，以解決長期以來對溫度變化過於敏感的問題。這具改良型相機於9月初運抵桃園，經過試飛後，自9月14日起擔任戰備，原先的H型相機則被運返美國接受改裝。

　　H分遣隊恢復戰備後，由邱松州在10月5日執行了一次台灣海峽任務。第二天，中東地區再度爆發衝突，埃及與敘利亞的軍隊分頭對以色列發動突擊，史稱「贖罪日戰爭」（Yom Kippur War）。

　　為了監控中東戰事，美國派出G分遣隊的兩架U-2R前往英國，執行FORWARD PASS行動。H分遣隊則將一架U-2R飛返愛德華空軍基地，以填補G分遣隊在美國本土的任務需求。由於張燮失事時摔掉了一具H型相機，所以H分遣隊僅有的一具H型相機也被送往英國支援FORWARD PASS行動。美國後來改以空軍的SR-71偵察中東，中情局的FORWARD PASS行動在11月初無功而返，原本屬於H分遣隊的U-2和H型相機也陸續回到台灣。

　　H型相機不在台灣的期間，由魏誠在11月3日執行了一次B型相機的偵照任務（C353C）。魏誠在飛到檢查點AK時，誤把原

訂228的航向設定為288，然後就忙著填寫飛行記錄，沒有注意到航向設定錯誤，結果U-2差點飛進大陸，距離海岸最近只有4海浬。中共並沒有對這架U-2進行攔截或攻擊，但魏誠被勒令暫時解除戰備並加強訓練。

發生這個小插曲後，中情局U-2總部通知H分遣隊在11月7日到16日這段期間停止戰備，原因是新任國務卿季辛吉將出訪中東與亞洲，其中包括10日到14日的中國北京之行。中情局稍早才指示H分遣隊從10月23日到31日暫停作戰任務，避免影響季辛吉原訂在10月底的中國之行，結果季辛吉因故延後訪問，H分遣隊等於為此行兩度停止戰備。

到這個時候為止，中情局都還沒有向國府告知IDEALIST與TACKLE計畫即將於次年終止的消息，反而是季辛吉在11月11日當面告訴周恩來，美國準備在1974年從台灣撤出U-2。被偵察的對象竟然比身為合作夥伴的國府還早知道計畫終止的訊息，真是歷史發展的弔詭。

1974

快刀計畫落幕

　　1974年2月12日，前不久完成U-2訓練的易志強執行個人的第一次U-2作戰任務（C044C），這次任務被描述為「一次例行任務，沒有任何特殊狀況」。雖然H分遣隊的美籍指揮官博伊德（Warren Boyd）已經知道快刀計畫即將結束，但是在國務卿訓令美國駐台北大使告知國府之前，他也只能對他的下屬守口如瓶，假裝一切如常，繼續讓H分遣隊執行例行任務。

　　4月1日，美國駐台北大使馬康衛晉見行政院長蔣經國，告知美方將撤出U-2的決定，美國駐防清泉崗基地的兩個F-4戰鬥機中隊和台南基地的核子武器也都將陸續撤離。不過雙方約定在完成細節的磋商之前，暫時不向H分遣隊的人員透露這項決定，以免節外生枝。這也是馬康衛最後一次向國府報告重大事項，他在前一年10月18日已經向蔣經國透露辭意，美國政府後來派安克志（Leonard Unger）接任。

　　4月11日，輪到蔡盛雄執行他的首次U-2作戰任務（C124C），從山東半島往南偵照到上海一帶。由這次任務的編號可以知道，從2月到4月之間有七次任務被取消。目前可以確定的是美方在3月16日到4月15日之間總共申請了六次任務，除了C124C獲得執

行，有兩次因天氣因素取消，另外三次是國府不同意執行，至於國府是否因為美方決定中止快刀計畫憤而取消任務，則不得而知。

美國國家偵察室在4月26日向40委員會申請由H分遣隊對西沙群島進行偵照，H分遣隊上一次在這個地區執行任務是在1973年5月間，這次的申請顯然是因應中共和南越在1月間爆發的西沙群島爭奪戰。這次任務的申請後來因為政治上太敏感沒有被批准。

按照1973年修訂的快刀計畫協定，其中一方如告知另一方不再延續，這項協定就會在三個月後失效，美方是在4月1日通知國府，所以快刀計畫協定從7月起就會失效。國府跟美方協商了兩個多月，雙方在6月下旬達成共識，決定快刀計畫在7月25日當天終止，並確認了以下解散作業的時程：

- 7月23日：H分遣隊指揮官正式宣布分遣隊停止執行任務，最後一次任務必須在本日結束前執行完畢。
- 7月29日至8月2日：兩架U-2R自桃園飛返美國。
- 8月至11月：單位關閉作業，美方人員撤回美國。

自從邱松州在5月24日完成偵照大連一帶的C194C任務後，H分遣隊就沒有執行過其他作戰任務，C194C因此成為H分遣隊的最後一次作戰任務。

H分遣隊的兩架U-2R（051和053）由美籍飛行員勒山（Tom Lesan）與希爾特（Jerry Shilt）於7月29日飛回美國愛德華空軍基地，中情局在8月2日連同054號U-2R一起移交給美國空軍。中情局的另一架U-2R（055）從4月份起已經部署到塞浦路斯的阿寇

提利，因此於8月1日在當地直接辦理移交。中情局把H分遣隊作為行政聯絡機的U-3贈送給國府空軍，於9月底完成移交。

中情局和美國空軍組成了一支後勤支援小組在7月底來台，協助辦理H分遣隊相關裝備的清點與後送工作。前一年才撤出清泉崗基地遷到菲律賓克拉克基地的美國空軍第374戰術空運聯隊負責H分遣隊的裝備撤離空運，他們以C-130執行了二十多架次的運輸任務。位於桃園的H分遣隊於9月底正式解散，所有基地設施在10月1日交還國府空軍，比中情局的預定日期提早了一個月。

11月1日，國府空軍的氣象偵察研究組也解編撤銷，黑貓中隊走入歷史。

參考書目

中文書籍

《八二三戰役文獻專輯》，南投：台灣省文獻委員會，1994。

王景弘，《採訪歷史：從華府檔案看台灣》，台北：遠流出版社，2000。

衣復恩，《我的回憶》，台北：立青文教基金會，2000。

李元平，《俞大維傳》，台中：台灣日報社，1992。

呂芳上主編，《蔣中正日記與民國史研究》，台北：世界大同出版社，2011。

杜默譯，《CIA──罪與罰的六十年》，台北：時報文化，2008。

汪士淳，《漂移歲月──將軍大使胡炘的戰爭紀事》，台北：聯合文學，2006。

張維斌，《無人飛機祕密檔案》，臺北：幼獅文化事業公司，2002。

郭冠麟，《高空的勇者：黑貓中隊口述歷史》，臺北：國防部史政編譯室，2010。

傅鏡平，《空軍特種作戰秘史》，臺北：高手專業出版社，2006。

蔡榮邦，《悶葫蘆裡的春秋》，臺北：高手專業出版社，2006。

盧錫良、劉文孝編著，《高空間諜：坎培拉戰略行動》，台北：中國之翼出版社，1996。

英文書籍

Brune, Lester H. Chronological History of U.S. Foreign Relations: 1932-1988. New York, USA: Routledge, 2003.

Hall, R. Cargill and Laurie, Clayton D (eds.). Early Cold War Overflights, 1950-1956, Symposium Proceedings. Washington, DC, USA: National Reconnaissance Office, 2003.

Pedlow, Gregory W. and Welzenbach, Donald E. The CIA and the U-2 Program, 1954-1974. Washington, DC, USA: Center for the Study of Intelligence, 1998.

Pocock, Chris. 50 Years of the U-2: The Complete Illustrated History of the "Dragon Lady". Atglen, PA, USA: Schiffer Publishing Ltd., 2005.

Tsai, Yung Pang. Through the Eyes of the Night Owl. Bloomington, IN, USA: AuthorHouse, 2009.

Wagner, William. Lightning Bugs and Other Reconnaissance Drones. Fallbrook, CA, USA: Aero. Publishers, 1982.

期刊

Burr, William and Richelson, Jeffrey T. "Whether to 'Strangle the Baby in the Cradle': The United States and the Chinese Nuclear Program, 1960-64." International Security, Vol. 25, Issue 3, Winter 2000/01, pp. 54-99.

Tucker, Nancy Bernkopf. "Taiwan Expendable? Nixon and Kissinger Go to China." The Journal of American History. Vol. 92, No. 1, 2005, pp. 109-135.

Yip, Wai. "RB-57A and RB-57D in Republic of China Air Force Service." AAHS Journal. Vol. 44, No. 4, Winter 1999, pp. 259-273.

網站

Central Intelligence Agency. https://www.cia.gov/

John F. Kennedy Presidential Library & Museum. http://www.jfklibrary.org/

Lyndon Baines Johnson Library & Museum. http://www.lbjlibrary.org/

Office of the Historian, United States Department of State. http://history.state.gov/

The National Security Archive. http://www.gwu.edu/~nsarchiv/

國史館檔案

〈中美關係（二）〉，《蔣經國總統文物》，入藏登錄號：
　　005000000057A
〈中美關係（十）〉，《蔣經國總統文物》，入藏登錄號：
　　005000000065A
〈中美關係（十四）〉，《蔣經國總統文物》，入藏登錄號：
　　005000000069A
〈空軍人事（二）〉，《蔣中正總統文物》，入藏登錄號：
　　002000001091A
〈情報──蔣中正接見克萊恩麥康等談話紀要〉，《蔣經國總統文
　　物》，入藏登錄號：005000000986A
〈蔣中正與克萊恩會談紀要（一）〉，《蔣經國總統文物》，入藏登錄
　　號：005000000124A
〈蔣中正與納爾遜會談紀要〉，《蔣經國總統文物》，入藏登錄號：
　　005000000127A
〈蔣中正與麥康卡德費爾特寇克談話紀要〉，《蔣經國總統文物》，入
　　藏登錄號：005000000125A
〈蔣經國與克萊恩及傅德會談紀要〉，《蔣經國總統文物》，入藏登錄
　　號：005000000122A
〈蔣經國與納爾遜會談紀要（一）〉，《蔣經國總統文物》，入藏登錄
　　號：005000000117A
〈蔣經國與納爾遜會談紀要（二）〉，《蔣經國總統文物》，入藏登錄
　　號：005000000118A
〈蔣經國與納爾遜會談紀要（三）〉，《蔣經國總統文物》，入藏登錄
　　號：005000000119A
〈蔣經國與納爾遜會談紀要（四）〉，《蔣經國總統文物》，入藏登錄
　　號：005000000120A
〈蔣經國與納爾遜會談紀要（五）〉，《蔣經國總統文物》，入藏登錄
　　號：005000000121A
〈蔣經國與彭第及柯爾貝會談紀要等〉，《蔣經國總統文物》，入藏登
　　錄號：005000000123A

血歷史　PC0235

新銳文創
INDEPENDENT & UNIQUE

快刀計畫揭密
——黑貓中隊與台美高空偵察合作內幕

作　　者	張維斌
責任編輯	邵亢虎
圖文排版	楊尚蓁
封面設計	王嵩賀

出版策劃	新銳文創
發 行 人	宋政坤
法律顧問	毛國樑　律師
製作發行	秀威資訊科技股份有限公司
	114 台北市內湖區瑞光路76巷65號1樓
	電話：+886-2-2796-3638　傳真：+886-2-2796-1377
	服務信箱：service@showwe.com.tw
	http://www.showwe.com.tw
郵政劃撥	19563868　戶名：秀威資訊科技股份有限公司
展售門市	國家書店【松江門市】
	104 台北市中山區松江路209號1樓
	電話：+886-2-2518-0207　傳真：+886-2-2518-0778
網路訂購	秀威網路書店：http://www.bodbooks.com.tw
	國家網路書店：http://www.govbooks.com.tw

出版日期	2012年7月　初版
定　　價	280元

國家圖書館出版品預行編目

快刀計畫揭密：黑貓中隊與台美高空偵察合作內幕 / 張維斌
著. -- 初版. -- 臺北市：新鋭文創, 2012.07
　　面；　公分. --（血歷史；PC0235）
　ISBN　978-986-6094-88-0（平裝）

1. 空中偵察　2. 國家檔案　3. 臺美關係

598.21   101009204

讀者回函卡

感謝您購買本書，為提升服務品質，請填妥以下資料，將讀者回函卡直接寄回或傳真本公司，收到您的寶貴意見後，我們會收藏記錄及檢討，謝謝！如您需要了解本公司最新出版書目、購書優惠或企劃活動，歡迎您上網查詢或下載相關資料：http:// www.showwe.com.tw

您購買的書名：＿＿＿＿＿＿＿＿＿＿＿＿＿＿＿＿＿＿＿＿＿＿＿＿＿＿＿＿＿＿＿＿

出生日期：＿＿＿＿＿年＿＿＿＿＿月＿＿＿＿＿日

學歷：□高中 (含) 以下　　□大專　　□研究所 (含) 以上

職業：□製造業　□金融業　□資訊業　□軍警　□傳播業　□自由業
　　　□服務業　□公務員　□教職　　□學生　□家管　□其它＿＿＿＿

購書地點：□網路書店　□實體書店　□書展　□郵購　□贈閱　□其他

您從何得知本書的消息？

　□網路書店　□實體書店　□網路搜尋　□電子報　□書訊　□雜誌
　□傳播媒體　□親友推薦　□網站推薦　□部落格　□其他＿＿＿＿＿＿＿

您對本書的評價：（請填代號　1.非常滿意　2.滿意　3.尚可　4.再改進）

　封面設計＿＿＿　版面編排＿＿＿　內容＿＿＿　文／譯筆＿＿＿　價格＿＿＿

讀完書後您覺得：

　□很有收穫　□有收穫　□收穫不多　□沒收穫

對我們的建議：＿＿＿＿＿＿＿＿＿＿＿＿＿＿＿＿＿＿＿＿＿＿＿＿＿＿＿＿＿

＿＿＿＿＿＿＿＿＿＿＿＿＿＿＿＿＿＿＿＿＿＿＿＿＿＿＿＿＿＿＿＿＿＿＿＿＿＿

＿＿＿＿＿＿＿＿＿＿＿＿＿＿＿＿＿＿＿＿＿＿＿＿＿＿＿＿＿＿＿＿＿＿＿＿＿＿

＿＿＿＿＿＿＿＿＿＿＿＿＿＿＿＿＿＿＿＿＿＿＿＿＿＿＿＿＿＿＿＿＿＿＿＿＿＿

11466
台北市內湖區瑞光路 76 巷 65 號 1 樓

秀威資訊科技股份有限公司　　　收

BOD 數位出版事業部

．．．

（請沿線對折寄回，謝謝！）

姓　　名：＿＿＿＿＿＿＿＿＿　年齡：＿＿＿＿　性別：□女　□男

郵遞區號：□□□□□

地　　址：＿＿＿＿＿＿＿＿＿＿＿＿＿＿＿＿＿＿＿＿＿＿＿＿＿

聯絡電話：(日)＿＿＿＿＿＿＿＿＿＿＿ (夜)＿＿＿＿＿＿＿＿＿＿＿

E - m a i l：＿＿＿＿＿＿＿＿＿＿＿＿＿＿＿＿＿＿＿＿＿＿＿＿＿